普通高等院校机电工程类规划教材

基于CDIO的
机械设计课程设计

主　编　刘晓玲　崔金磊
副主编　杨　萍　王德祥

清华大学出版社
北京

内容简介

本书基于 CDIO 教学指导思想，按照机械设计课程设计进程，将设计内容分为 9 个模块，每个模块设置多个任务，在每个任务中按任务目标、任务分析和任务实施三方面展开。本书采用机械专业最新的国家标准和规范，内容涵盖减速器的构造、课程设计指导、参考图例、计算机辅助设计及思考题。

本书可以作为高等院校机械类、近机械类和非机械类专业机械设计或机械设计课程设计的教材，也可作为有关工程技术人员的参考书。

图书在版编目(CIP)数据

基于 CDIO 的机械设计课程设计/刘晓玲，崔金磊主编. —北京：清华大学出版社，2017 (2024.7重印)
(普通高等院校机电工程类规划教材)
ISBN 978-7-302-48790-6

Ⅰ. ①基… Ⅱ. ①刘… ②崔… Ⅲ. ①机械设计－课程设计－高等学校－教材 Ⅳ. ①TH122-41

中国版本图书馆 CIP 数据核字(2017)第 265971 号

责任编辑：许　龙
封面设计：傅瑞学
责任校对：赵丽敏
责任印制：曹婉颖

出版发行：清华大学出版社
网　　址：https://www.tup.com.cn，https://www.wqxuetang.com
地　　址：北京清华大学学研大厦 A 座　　邮　　编：100084
社 总 机：010-83470000　　邮　　购：010-62786544
投稿与读者服务：010-62776969，c-service@tup.tsinghua.edu.cn
质量反馈：010-62772015，zhiliang@tup.tsinghua.edu.cn
印 装 者：三河市科茂嘉荣印务有限公司
经　　销：全国新华书店
开　　本：185mm×260mm　　**印　　张**：7　　**字　　数**：165 千字
版　　次：2017 年 10 月第 1 版　　**印　　次**：2024年 7 月第 6 次印刷
定　　价：33.00 元

产品编号：077460-02

前　　言

本书是根据教育部高等学校机械基础课程教学指导委员会制定的《机械设计课程设计教学基本要求》和《机械设计基础课程教学基本要求》的宗旨而编写的，适宜用作高等学校机械类、近机械类和非机械类各专业机械设计或机械设计课程设计的教材。

本书的指导思想是CDIO教学指导思想，针对卓越工程师和应用型人才培养要求而编写，具有以下特点：

1. 吸收国内外教材的精华，在继承经典教材优势的基础上，以CDIO工程教育理念下的项目教学法为指导，将设计原则和方法灵活贯穿于全书中，内容简练，层次清晰，有利于学生的自主学习和设计。

2. 结合教学改革和课程改革，将学生历年来在机械设计课程设计中遇到的重点难点问题进行了阐述。

3. 采用机械专业最新的国家标准和规范，书中的插图和参考图例采用了机械制图国家标准中业已规定并在工程实践中行之有效的简化画法与规定画法，使学生把主要精力用于最基本和最重要的结构设计上。

4. 按机械设计课程设计的进程编写，内容涵盖减速器的构造、课程设计指导、参考图例、计算机辅助设计及思考题。

本书共9个模块，由刘晓玲、崔金磊担任主编，杨萍、王德祥担任副主编，杨玉冰、信召顺参与编写，林晨担任主审。

本书的编写和出版得到了清华大学出版社的大力支持，对教材的编写思路提出了大量宝贵意见。在编写过程中还借鉴吸收了国内外专家学者的大量研究成果。可以说，没有前人的基础，本书难以完成。

由于水平有限，不足之处在所难免，恳望广大同行和读者提出宝贵意见。

编者

2017年1月

目　　录

绪　论

任务1　明确机械设计课程设计

任务目标

(1) 明确机械设计课程设计的三个"?";

(2) 熟悉计算机辅助设计(CAD)。

任务分析

1. 机械设计课程设计的三个"?"

1) 为什么要进行机械设计课程设计?(目的)

机械设计课程设计是机械类专业和部分非机械类专业的学生第一次较全面的机械设计训练,是机械设计和机械设计基础课程重要的综合性与实践性教学环节。其基本目的是:

(1) 通过机械设计课程设计,综合运用机械设计课程和其他有关先修课程的理论,结合生产实际,培养分析和解决一般工程实际问题的能力,并使所学知识得到进一步巩固、深化和扩展。

(2) 学习机械设计的一般方法,掌握通用机械零件、机械传动装置或简单机械的设计原理和过程。

(3) 进行机械设计基本技能的训练,如计算、绘图,熟悉和运用设计资料(手册、图册、标准和规范等)以及使用经验数据,进行经验估算和数据处理等。

2) 机械设计课程设计的内容是什么?(内容)

选择作为机械设计课程设计的题目,通常是一般机械的传动装置或简单机械,例如图0-1所示带式运输机的传动装置。图0-1(b)中,传动装置由电动机、联轴器、减速器和驱动滚筒组成。

设计内容:分析设计任务;确定总体设计方案,绘制总体系统图;选择电动机,确定传动装置和执行机构的类型,分配传动比;计算各零件的运动和动力参数;设计传动件、轴系零件、箱体等;绘制装配图和零件图;整理编写设计计算说明书;课程设计答辩考核。

因此,机械设计课程设计通常要完成从原动机到工作机之间的传动部分设计,在设计过程中,要进行原动部分的设计,减速器内、外传动零件的设计,减速器箱体、附件的设计，轴、轴承、联轴器等轴系部分的设计，及键连接、连接螺栓、销等连接件的设计等。

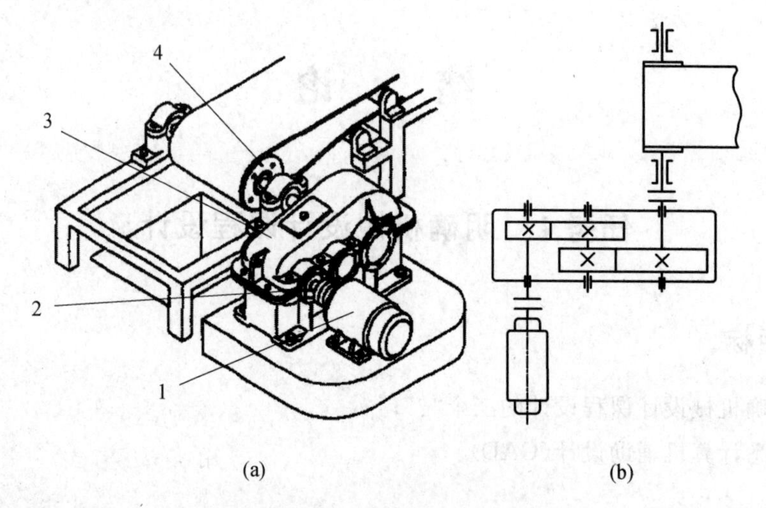

图 0-1　带式运输机的传动装置

(a) 带式运输机；(b) 传动装置简图

1—电动机；2—联轴器；3—减速器；4—驱动滚筒

3）怎样做机械设计课程设计？（方法）

机械设计的一般进程，可分为产品规划、方案设计、详细设计和改进设计等阶段，在设计中，需要进行收集资料、方案选择、构形、选择材料、参数尺寸的计算及优化、绘图、试验和改进设计等项工作。它是一个收集及处理信息，并对其进行分析、综合和决策的过程。因此，要求在设计的过程中，应用计算机进行辅助设计。

设计步骤如下：

(1) 设计准备。明确设计任务、设计要求及工作条件，进行分析调研，查阅相关资料，也可以参观实物。

(2) 方案设计。根据调研结果，选择原动机、传动部分、执行部分的方案及其连接方式，拟定可行的总体方案。

(3) 总体设计。对拟定的设计方案进行运动及动力计算。

(4) 结构设计。详细设计整机或某一部分，根据零件的工作能力（强度、刚度、寿命）或结构要求，确定其结构尺寸和装配关系，并根据整机要求，进行箱体和附件设计，完成装配图及零件图设计。

(5) 技术资料整理。整理设计图，编写设计计算说明书。

(6) 设计总结和答辩。

2. 计算机辅助设计

计算机辅助设计（CAD）是随计算机、外围设备、图形设备及软件的发展而形成的一门新技术，目前已广泛应用于工业部门的各个领域，成为提高产品与工程设计水平、降低消耗、缩短开发及工程建设周期、大幅度提高劳动生产率和产品质量的重要手段。CAD 技术及其应用水平已成为衡量一个国家的科学技术现代化和工业现代化水平的重要标志之一。

为了加快 CAD 技术的推广和应用，应鼓励学生运用 CAD 技术进行课程设计。在设计时，应注意下列事项：

（1）为了达到课程设计的教学基本要求，建议学生在完成传动装置总体设计和装配草图设计，对于设计对象的整体与各组成部分的结构特点和设计要求，包括减速器箱体和各零部件的详细结构有深入了解之后，再应用计算机进行设计。设计时遵循先整体后局部、先内后外、先主后次、先合理布局后细部结构设计、先绘图后标注的设计绘图原则，以保证课程设计的质量。

（2）选择适用的机械 CAD 软件。

（3）在使用机械 CAD 软件绘图时，必须符合国家标准的规定，要求图面清晰，结构合理，表达清楚，设计结果正确。

（4）与手工绘图相比，应用机械 CAD 软件进行设计具有许多不同的特点，因此，在使用前要认真阅读操作使用说明书，使用时要逐步摸索其使用技巧，充分发挥软件的功能，提高设计绘图的效率，如图形的生成、复制、镜像、平移、旋转、消隐等，使 CAD 软件成为设计的快捷工具。

因此，在机械设计课程设计中，使学生熟悉 CAD 技术的基本知识，进而运用 CAD 技术完成传动方案设计、传动零件设计，以及图纸绘制等项工作，培养学生运用现代设计方法和手段是非常重要的。

任务2　CDIO 工程教育模式在课程设计中的应用

任务目标

（1）明确 CDIO 工程教育模式；

（2）理解 CDIO 在机械设计课程设计中的应用。

任务分析

1. CDIO 工程教育模式

CDIO 代表构思（conceive）、设计（design）、实施（implement）、运行（operate），它以产品研发到产品运行的生命周期为载体，让学生以主动的、实践的、课程之间有机联系的方式学习工程。CDIO 培养大纲将工程毕业生的能力分为工程基础知识、个人能力、人际团队能力和工程系统能力四个层面，大纲要求以综合的培养方式使学生在这四个层面达到预定目标。

CDIO 的理念不仅继承和发展了欧美 20 多年来工程教育改革的理念，更重要的是系统地提出了具有可操作性的能力培养、全面实施以及检验测评的 12 条标准。已加入 CDIO 组织的世界著名大学，其机械系和航空航天系全面采用 CDIO 工程教育理念和教学大纲，取得了良好效果，按 CDIO 模式培养的学生深受社会与企业欢迎。

CDIO包括了三个核心文件：1个愿景、1个大纲和12条标准。它的愿景为学生提供一种强调工程基础的、建立在真实世界的产品和系统的构思—设计—实施—运行(CDIO)过程的背景环境基础上的工程教育。它的大纲首次将工程师必须具备的工程基础知识、个人能力、人际团队能力和整个CDIO全过程能力以逐级细化的方式表达出来(3级、70条、400多款)，使工程教育改革具有更加明确的方向性、系统性。它的12条标准对整个模式的实施和检验进行了系统、全面的指引，使得工程教育改革具体化、可操作、可测量，并对学生和教师都具有重要指导意义。CDIO体现了系统性、科学性和先进性的统一，代表了当代工程教育的发展趋势。

2. CDIO理念在机械设计课程设计中的应用

机械设计课程设计题目通常是设计传动装置或是简单机械，在设计中运用CDIO理念有助于学生更好地理解课程设计的各个阶段，以及各阶段的任务如何实现。

为此，本教材将课程设计划分为9个模块(图0-2)，每个模块设置多个任务，在每个任务中按照任务目标、任务分析和任务实施三个方面展开，使学生在设计时更能明确设计要领，提高其自主学习能力及创新能力。

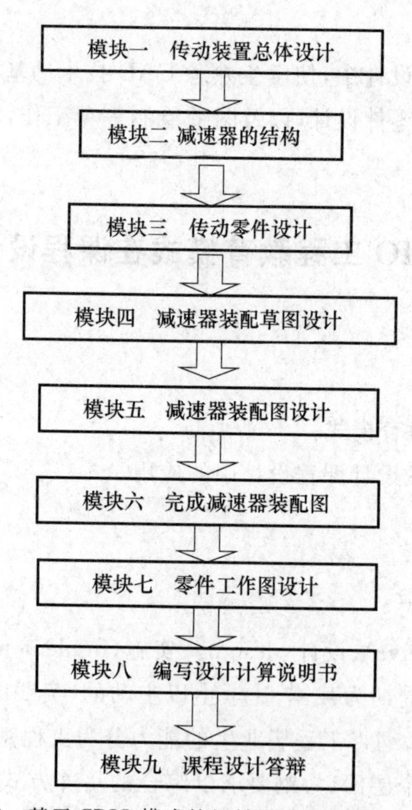

图0-2　基于CDIO模式的机械设计课程设计流程图

任务实施

例0-1　按照给定的工艺参数，设计压片机的传动装置。工艺参数：冲头压力$F=$

120kN，生产效率为 30 片/min，冲头行程 $s=70$mm，载荷平稳。在室温下连续运转。

设计要求：

(1) 分析确定设计方案；

(2) 绘制 A1 草图 1 张；

(3) 绘制 A0 装配图 1 张；

(4) 绘制 A2 零件图 3 张(轴、齿轮、带轮或链轮)，要标注公差、材料及热处理要求；

(5) 设计计算说明书 1 份，要求写出所有的计算过程和计算结果，以及列出使用的参考文献。

解：基于该设计题目的设计流程如图 0-2 所示。

思 考 题

1. 什么是 CDIO 模式？
2. 简述机械设计课程设计的目的、内容和方法。

模块一　传动装置总体设计

传动装置总体设计的任务是：确定传动方案，选择电动机，确定传动装置的总传动比及分配各级传动比，计算传动装置的运动和动力参数，从而为后续各级传动零件的设计、装配图的设计做准备。

任务1　确定传动方案

任务目标

（1）选择合适的传动机构类型；

（2）确定各类传动机构的布置顺序及各组成部分的连接方式；

（3）绘出传动装置的运动简图。

任务分析

传动装置位于机器的原动机和工作机之间，用于传递运动和动力，并可改变转速、转矩的大小或改变运动形式，以适应工作机功能要求。

传动方案一般用运动简图表示。在课程设计中，如设计任务书已给定传动装置方案时，学生则应分解和分析这种方案的特点，也可提出改进意见。若只给定工作机的工作要求（如运输机的有效拉力 F 和输送带的速度 v 等），学生则应根据设计任务书的要求，分析比较各种传动的特点，确定最佳的传动方案。

图1-1为带式输送机的传动方案。

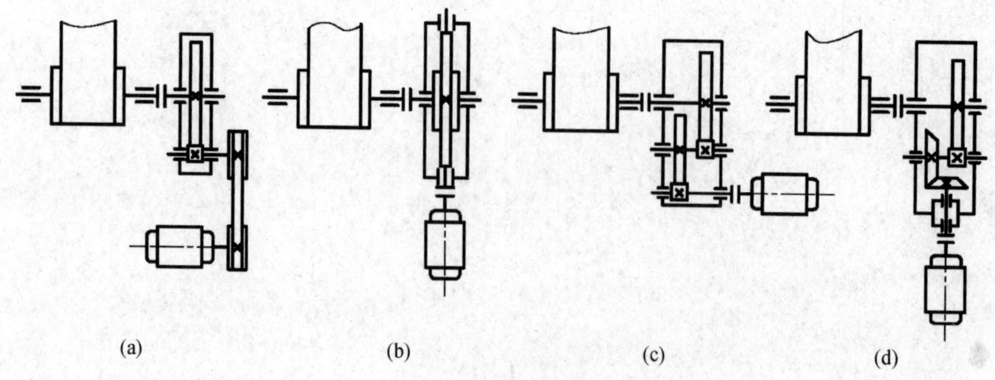

图1-1　带式输送机的传动方案

（a）方案一；（b）方案二；（c）方案三；（d）方案四

表 1-1　常用机械传动单级传动比推荐值

类型	平带传动	V带传动	圆柱齿轮传动	圆锥齿轮传动	蜗杆传动	链传动
推荐值	2～4	2～4	3～6	直齿 2～3	10～40	2～5
最大值	5	7	10	直齿 6	80	7

1. 选择传动机构类型

合理选择传动形式是拟定传动方案时的重要环节。常用传动机构的类型、性能和适用范围可参阅机械设计教材。表 1-1 列出了常用机械传动单级传动比推荐值。

在机械传动装置中广泛采用减速器，其特点是传动比固定、结构紧凑、机体封闭并有较大刚度、传动可靠等。各种减速器应用很多，为便于选型，表 1-2 列出了常用减速器的主要类型和特点，以供确定传动方案时参考。

表 1-2　常用减速器的类型和特点

类　型		简　图	传动比	特　点
单级圆柱齿轮减速器		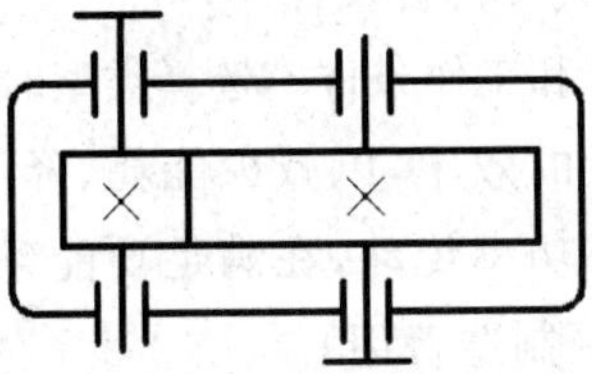	$i \leqslant 8\sim10$ 常用： 直齿：$i \leqslant 4$ 斜齿：$i \leqslant 6$	直齿轮用于较低速度（$v \leqslant 8\text{m/s}$），斜齿轮用于较高速度场合，人字齿轮用于载荷较重的传动中
两级圆柱齿轮减速器	展开式	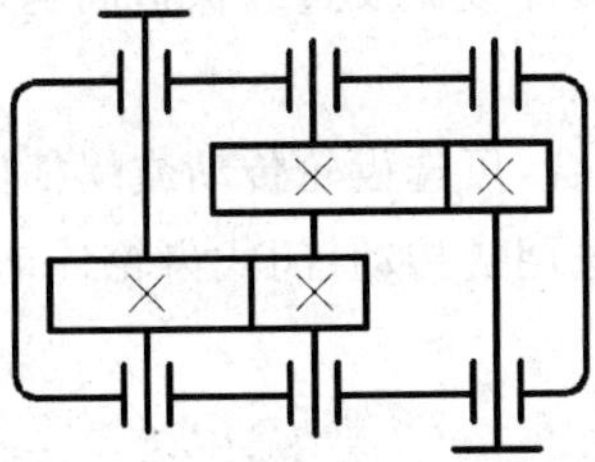	$i=8\sim60$ $i=i_1 i_2$	一般采用斜齿轮，低速级也可采用直齿轮。总传动比较大，结构简单，应用最广。由于齿轮相对于轴承为不对称布置，因而沿齿宽载荷分布不均匀，要求轴有较大刚度
	同轴式	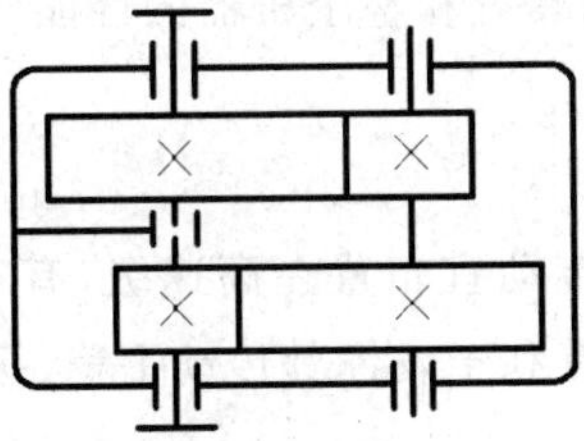	$i=8\sim60$ $i=i_1 i_2$	减速器横向尺寸较小，两大齿轮浸油深度可以大致相同。结构较复杂，轴向尺寸大，中间轴较长、刚度差，中间轴承润滑较困难
	分流式	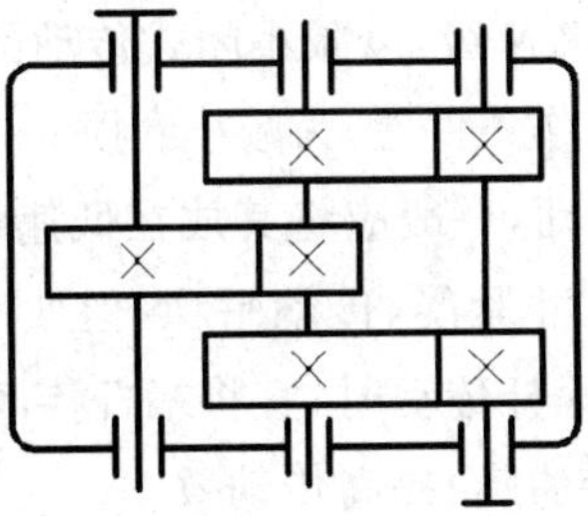	$i=8\sim60$ $i=i_1 i_2$	一般为高速级分流，且常采用斜齿轮；低速级可用直齿轮或人字齿轮。齿轮相对于轴承对称布置，沿齿宽载荷分布较均匀。减速器结构较复杂。常用于大功率、变载荷场合

续表

类型	简图	传动比	特点
蜗杆减速器		$i=10\sim80$	结构紧凑，传动比较大，但传动效率低，适用于中、小功率和间歇工作场合。蜗杆下置时，润滑、冷却条件较好。通常蜗杆圆周速度 $v\leqslant4\sim5$m/s 时用下置式；$v>4\sim5$m/s 时用上置式

一些类型的减速器已有系列标准，并由专业厂生产，如硬齿面圆柱齿轮减速器(JB/T 8853—2001)、圆弧圆柱蜗杆减速器(JB/T 7935—1999)、NGW 型行星齿轮减速器(JB/T 6502—1993)等。一般情况下应尽量选择标准减速器，当传动布置、结构尺寸、功率、传动比等有特殊要求，由标准不能选出时，才需要自行设计制造。课程设计为达到培养设计能力的目的，一般不允许选用标准减速器，而需要自行设计。

选择传动机构类型时应综合考虑有关要求和工作条件。选择类型时的基本原则如下：

(1) 传递大功率时，应充分考虑传动装置的效率，以减少能耗、降低运行费用。此时应选传动效率高的机构，如齿轮传动。对于小功率传动，在满足功能条件下，可选用结构简单、制造方便的传动形式，以降低初始费用(制造费用)。

(2) 载荷多变、可能发生过载时，应考虑缓冲吸振及过载保护问题，如选带传动、采用弹性联轴器或其他过载保护装置。

(3) 传动比要求严格、尺寸要求紧凑的场合，可选齿轮传动或蜗杆传动。

(4) 在多粉尘、潮湿、易燃、易爆场合，宜选用链传动、闭式齿轮传动或蜗杆传动，而不采用带传动或摩擦传动。

2. 多级传动的合理布置

合理布置各种传动机构的顺序，对于传动装置和整个机器的性能、传动效率和结构尺寸等有直接影响。

布置传动机构顺序时的原则如下：

(1) 传动能力较小的带传动及其他摩擦传动宜布置在高速级，有利于整个传动系统结构紧凑、匀称。同时，带传动布置在高速级有利于发挥其传动平稳、缓冲吸振、减小噪声的特点。

(2) 闭式齿轮传动、蜗杆传动一般布置在高速级，以减小闭式传动的外廓尺寸、降低成本。开式齿轮传动制造精度较低、润滑不良、工作条件差，为减小磨损，一般应放在低速级。

(3) 链传动运转不平稳，为减小冲击和振动，一般应将其放在低速级。

(4) 蜗杆传动可以实现较大的传动比，尺寸紧凑，传动平稳，但效率低，适于中、小功率间歇运动的场合。当同时采用齿轮传动及蜗杆传动时，宜将蜗杆传动布置在高速级，使啮合齿面有较高的相对滑动速度，易形成润滑油膜，提高传动效率。

(5) 锥齿轮的尺寸过大时，加工困难，可将其布置于高速级，并对其传动比加以限制，以减小大锥齿轮的尺寸。

(6) 改变运动形式的机构，如螺旋传动、连杆机构、凸轮机构，一般布置在传动系统的最后一级，且常为工作机的执行机构。

3. 分析比较，择优选定

一个好的传动方案应首先满足机器的功能要求，如所传递的功率及转速。此外，还应具有结构简单、尺寸紧凑、加工方便、成本低廉、传动效率高和使用维护方便等特点，以保证工作机的工作质量和可靠性。要同时达到这些要求，常常是困难的，设计时要统筹兼顾，保证重点要求。

图 1-1 中，方案一选用了 V 带传动和闭式齿轮传动。V 带传动布置于高速级，能发挥它的传动平稳、缓冲吸振和过载保护的优点。但此方案的结构尺寸较大，V 带传动也不适宜用于繁重工作要求的场合及恶劣的工作环境。方案二结构紧凑，但由于蜗杆传动效率低，功率损耗大，不适宜用于长期连续运转的场合。方案三采用二级闭式齿轮传动，更能适应在繁重及恶劣的条件下长期工作，且使用维护方便，但布置宽度较大。方案四适合布置在狭窄的通道（如矿井巷道）中工作，但加工锥齿轮比圆柱齿轮困难，成本也较高。这四种方案各有其特点，适用于不同的工作场合。设计时要根据工作条件和设计要求，综合比较，选取其中最优者。

若课程设计任务书中已经给出传动方案，学生应分析这种方案的特点，也可以提出改进意见。

任务实施

例 1-1 已知压片机的冲头压力 $F=120\text{kN}$，生产效率为 30 片/min，冲头行程 $s=70\text{mm}$，载荷平稳。在室温下连续运转。采用三相交流电源，试对该压片机的传动方案进行选择。

解：图 1-2 为压片机的传动装置简图。图 1-2(a)为方案一，电动机通过带传动、二级斜齿圆柱齿轮减速器带动压片机运动；图 1-2(b)为方案二，电动机通过蜗杆减速器、链传动带动压片机工作。

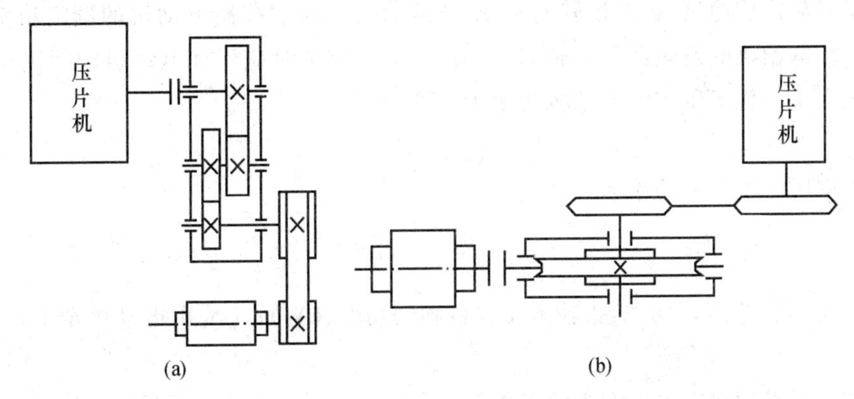

图 1-2 压片机的传动装置简图

(a) 电动机—带传动—二级斜齿圆柱齿轮减速器—压片机；(b) 电动机—蜗杆减速器—链传动—压片机

根据带传动、链传动、齿轮传动和蜗杆传动的特点，方案一中带传动布置在高速级，方案二中链传动布置在低速级。

任务 2　选择电动机

任务目标

(1) 选择电动机类型和结构形式；

(2) 选择电动机的容量（功率）；

(3) 确定电动机的转速；

(4) 确定电动机型号。

任务分析

1. 选择电动机类型和结构形式

电动机分交流电动机和直流电动机两种。由于直流电动机需要直流电源，结构复杂，价格较高，维护比较不便，因此无特殊要求时不宜采用。生产单位一般用三相交流电源，因此，如无特殊要求时应选用交流电动机。交流电动机有异步电动机和同步电动机两类。异步电动机有笼型和绕线型两种，其中以普通笼型异步电动机应用最多。

电动机的结构形式：按安装位置不同，有卧式和立式两类；按防护方式不同，有开启式、防护式（防滴式）、封闭式及防爆式等。可根据安装需要和防护要求选择电动机的结构形式。常用的结构形式为卧式封闭型电动机。

2. 选择电动机的容量

电动机的容量(功率)选择是否合适，对电动机的工作和经济性都有影响。容量小于工作要求，则不能保证工作机的正常工作，或使电动机因长期超载运行而过早损坏。容量选得过大，则电动机的价格高，传动能力又不能充分利用，而且由于电动机经常在轻载下运转，其效率和功率因数都较低，从而造成能源的浪费。

对于载荷比较稳定、长期运转的机械(如运输机)，通常按照电动机的额定功率选择，而不必校核电动机的发热和起动转矩。选择电动机容量时应保证电动机的额定功率 P_{ed} 等于或稍大于工作机所需的电动机功率 P_d，即

$$P_{ed} \geqslant P_d$$

工作机所需电动机功率为

$$P_d = \frac{P_W}{\eta} \quad (kW) \tag{1-1}$$

式中：P_W 为工作机所需功率，指输入工作机轴的功率(kW)；η 为由电动机至工作机的总效率。

工作机所需功率应由工作机的工作阻力和运动参数（线速度或转速）计算。在课程设计中，由设计任务书给定的工作机参数按下式计算：

$$P_W = \frac{Fv}{1000} \quad (\text{kW}) \tag{1-2}$$

或

$$P_W = \frac{Tn_W}{9550} \quad (\text{kW}) \tag{1-3}$$

式中：F 为工作机的工作阻力(N)；v 为工作机的线速度(m/s)，如运输机输送带的线速度；T 为工作机的阻力矩(N·m)；n_W 为工作机的转速(r/min)，如输送机滚筒的转速。

传动装置的总效率应为组成传动装置的各个运动副效率的乘积，即

$$\eta = \eta_1 \eta_2 \eta_3 \cdots \eta_n \tag{1-4}$$

式中：$\eta_1, \eta_2, \eta_3, \cdots, \eta_n$ 分别为每一运动副（齿轮、蜗杆、带或链）、每对轴承、每个联轴器及工作机的效率。机械传动及摩擦副的效率概略值见表 1-3。

表 1-3 机械传动及摩擦副的效率概略值

<table>
<tr><th colspan="2">类　别</th><th>传动效率 η</th><th colspan="2">类　别</th><th>传动效率 η</th></tr>
<tr><td colspan="2" rowspan="2">圆柱齿轮传动</td><td>闭式：0.96～0.98
（7～9 级精度）</td><td colspan="2" rowspan="2">滚子链传动</td><td rowspan="2">闭式：0.94～0.97
开式：0.9～0.93</td></tr>
<tr><td>开式：0.94～0.96</td></tr>
<tr><td rowspan="4">蜗杆传动</td><td>自锁</td><td>0.4～0.45</td><td rowspan="2">轴承（一对）</td><td>滑动轴承</td><td>润滑不良：0.94～0.97
润滑良好：0.97～0.99</td></tr>
<tr><td>单头</td><td>0.7～0.75</td><td>滚动轴承</td><td>0.98～0.995</td></tr>
<tr><td>双头</td><td>0.75～0.82</td><td rowspan="3">联轴器</td><td>弹性联轴器</td><td>0.99～0.995</td></tr>
<tr><td>三头和四头</td><td>0.8～0.92</td><td>齿式联轴器</td><td>0.99</td></tr>
<tr><td rowspan="2">带传动</td><td>平带</td><td>0.95～0.98</td><td>十字沟槽联轴器</td><td>0.97～0.99</td></tr>
<tr><td>V 带</td><td>0.94～0.97</td><td colspan="2">传动滚筒</td><td>0.96</td></tr>
</table>

计算总效率时应注意以下三点：

(1) 资料中查出的效率数值为一范围时，如工作条件差、加工精度低、润滑条件差或维护不良时则应取低值，反之可取高值，一般可取中间值；

(2) 轴承效率是指一对轴承的效率；

(3) 当动力经过每一个运动副时，都会产生功率损耗，故计算效率时应逐一计入。

3. 确定电动机的转速

除了选择合适的电动机系列和容量外，还要选择适当的电动机转速，以便确定满足工作机要求的电动机型号。容量相同的同类型电动机，有几种不同的转速可供设计者选用，如三相异步电动机的同步转速，一般有 3000r/min(2 极)、1500r/min(4 极)、1000r/min(6 极)及 750r/min(8 极) 四种。电动机同步转速越高，磁极对数越少，其质量越小、外廓尺寸越小、价格越低。但是电动机转速与工作机转速相差过多势必使总传动比加大，致使传动装置的外廓尺寸和质量增加，价格提高。而选用较低转速的电动机时，则情况正好相反，即传动装置的外廓尺寸和质量减小，而电动机的尺寸和质量增大，价格提高。因此，在

确定电动机转速时，应进行分析比较，权衡利弊，选择最优方案。

设计中常选用同步转速为 1500r/min 或 1000r/min 两种电动机。

为合理设计传动装置，根据工作机主动轴转速要求和各传动副的合理传动比范围，可推算出电动机转速的合理范围，即电动机转速的可选范围为

$$n'_d = i'_a \cdot n_W = (i'_1 i'_2 i'_3 \cdots i'_n) n_W \quad (r/min) \tag{1-5}$$

式中：n'_d为电动机转速可选范围；i'_a为传动装置总传动比的合理范围；$i'_1, i'_2, i'_3, \cdots, i'_n$为各级传动副传动比的合理范围。

4. 确定电动机型号

选定电动机类型、结构，对电动机可选的转速进行比较，选定电动机转速并计算出所需容量后，即可在电动机产品目录中查出其型号、性能参数和主要尺寸。并将电动机型号、额定转速、满载转速、外形尺寸、电动机中心高、轴伸尺寸和键连接尺寸等记下备用。

Y 系列三相异步电动机的代号含义如下：

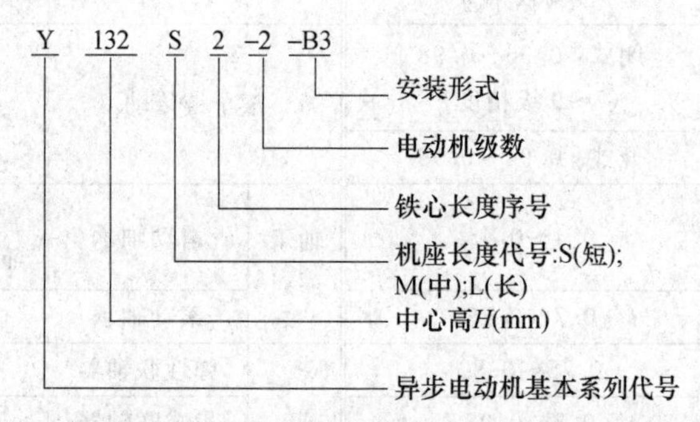

设计计算传动装置时，通常用工作机所需电动机功率 P_d进行计算，而不用电动机的额定功率 P_{ed}。只有当有些通用设备为留有储备能力以备发展，或为适应不同工作的需要，要求传动装置具有较大的通用性和适应性时，才按额定功率 P_{ed}来设计传动装置。传动装置的输入转速可按电动机额定功率时的转速，即满载转速 n_m计算，这一转速与实际工作时的转速相差不大。

任务实施

例 1-2 工作条件及设计参数同例 1-1，采用三相交流异步笼型电动机，电压为 380V，试选择合适的电动机。

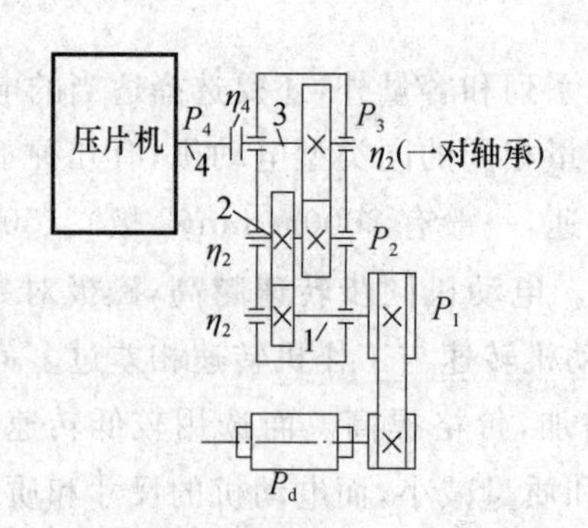

解：按工作要求和工作条件，选用一般用途的Y(IP44)系列异步电动机，它为卧式封闭结构。

(1) 选择电动机容量。

电动机所需工作功率为

$$P_d = \frac{P_W}{\eta}$$

压片机所需工作功率为

$$P_W = \frac{Fv}{1000}$$

传动装置的总效率为

$$\eta = \eta_1 \eta_2^3 \eta_3^2 \eta_4 \eta_5$$

V带传动效率 $\eta_1=0.96$，滚动轴承(一对)传动效率 $\eta_2=0.98$，闭式齿轮传动效率 $\eta_3=0.97$，联轴器效率 $\eta_4=0.99$ (齿轮联轴器)，压片机效率 $\eta_5=1.0$，因此

$$\eta = 0.96\times0.98^3\times0.97^2\times0.99\times1.0 = 0.842$$

压片机上安装飞轮，压片机每压一片曲柄回转一周，所以其功率可按以下平均功率进行计算：

$$P_W = \frac{1}{2}\times\frac{Fv}{1000} = \frac{1}{2}\times\frac{Fs}{1000t} = \frac{1}{2}\times\frac{120\times10^3\times70\times10^{-3}}{1000\times\frac{60}{30}}\text{kW} = 2.1\text{kW}$$

所需电动机功率为

$$P_d = \frac{P_W}{\eta} = \frac{2.1}{0.842}\text{kW} = 2.49\text{kW}$$

(2) 确定电动机转速。

曲柄轴的工作转速即压片机的生产效率，$n_W=30\text{r/min}$。

通常，V带传动的传动比 $i_1'=2\sim4$，二级圆柱齿轮减速器 $i_2'=8\sim60$，则总传动比 $i_a'=i_1'i_2'=16\sim240$，故电动机转速的可选范围为

$$n_d' = i_a'\cdot n_W = (16\sim240)\times30\text{r/min} = (480\sim7200)\ \text{r/min}$$

符合这一范围的同步转速有750r/min、1000r/min、1500r/min和3000r/min，比较同步转速3000r/min、1500r/min和1000r/min三种方案，即可选择合适的电动机型号。

根据容量和转速，由相关手册查出有三种适用的电动机型号，因此，有三种传动比方案，如下表：

方案	电动机型号	额定功率/kW	电动机转速/(r/min)		传动装置的传动比		
			同步转速	满载转速	总传动比	V带传动	减速器
方案一	Y100L-2	3	3000	2880	96	3.5	27.4
方案二	Y100L2-4	3	1500	1430	47.7	2.2	21.7
方案三	Y132S-6	3	1000	960	32	2	16

综合考虑电动机和传动装置的尺寸、质量和带传动、减速器的传动比，可见方案二比较合适。因此，选定电动机型号为 Y100L2-4，其主要性能如下：

电动机型号	额定功率/kW	满载转速/(r/min)	堵转转矩/额定转矩	最大转矩/额定转矩
Y100L2-4	3	1430	2.2	2.3

查 Y100L2-4 型电动机的外形和安装尺寸，并列表记录备用（略）。

任务3　传动装置的总传动比及其分配

任务目标

确定传动装置的总传动比及分配各级传动比。

任务分析

由选定的电动机满载转速 n_m 和工作机轴的转速 n_W，可得传动装置的总传动比为

$$i_a = n_m / n_W \tag{1-6}$$

总传动比为各级传动比 $i_0, i_1, i_2, i_3, \cdots, i_n$ 的乘积，即

$$i_a = i_0 i_1 i_2 i_3 \cdots i_n \tag{1-7}$$

如何合理分配各级传动比，是传动装置设计中的又一个重要问题。传动比分配得合理，可以减小传动装置的外廓尺寸、质量，达到结构紧凑、降低成本的目的；也可以使传动零件得到较低的圆周速度以减小动载荷或降低传动精度等级；还可以达到较好的润滑条件。分配传动比主要应考虑以下五点：

(1) 不同传动形式、不同工作条件下，各级传动比均应在推荐范围内选取，不得超过最大值。各种传动的传动比常用值见表 1-1。

(2) 各级传动零件应做到尺寸协调，结构匀称，避免相互间发生干涉或安装不便。如图 1-3 所示，由于高速级传动比 i_1 过大，致使高速级大齿轮直径过大而与低速轴相碰。如图 1-4 所示，由 V 带和一级圆柱齿轮减速器组成的二级传动中，由于带传动的传动比过大，使得大带轮外圆半径大于减速器中心高，造成尺寸不协调，安装时需将地基挖坑。为避免出现这种情况，应合理分配带传动与齿轮传动的传动比。

(3) 尽量使传动装置的外廓尺寸紧凑或质量较小。图 1-5 为二级圆柱齿轮减速器的两种传动比分配方案，在总中心距和总传动比相同时，图 1-5(a)所示方案 i_2 较小，使得低速级大齿轮的直径也较小，从而获得结构紧凑的外廓尺寸。

(4) 在卧式二级齿轮减速器中，各级齿轮都应浸到油以得到充分润滑。为避免某级大齿轮浸油过深而增加搅油损失，通常使各级大齿轮直径相近，且使高速级传动比大于低速级，参见模块二中表 2-3。此时，高速级大齿轮能浸到油，低速级大齿轮直径稍大于高速级大齿轮，浸油只稍深而已。

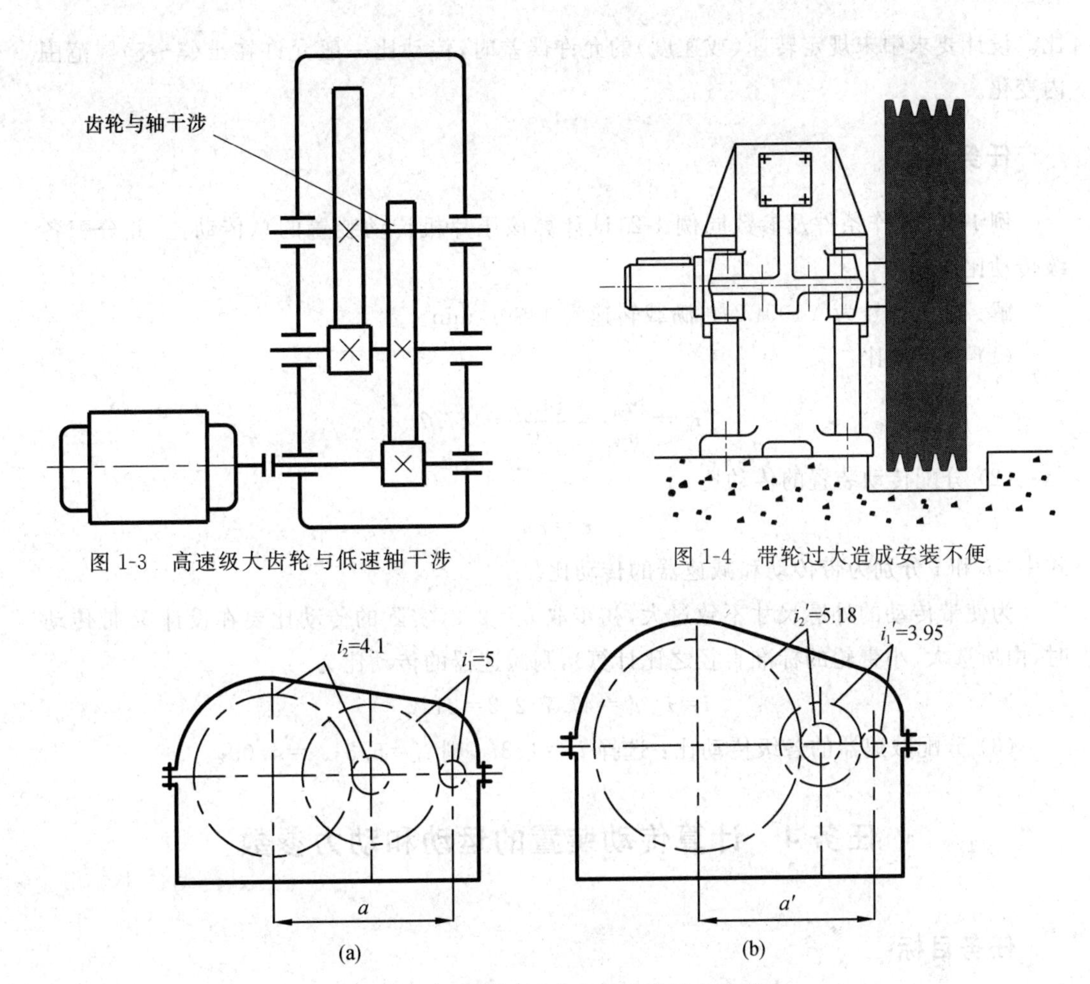

图 1-3　高速级大齿轮与低速轴干涉

图 1-4　带轮过大造成安装不便

图 1-5　不同的传动比分配对外廓尺寸的影响

(a) 方案一；(b) 方案二

对于展开式二级圆柱齿轮减速器，在两级齿轮配对材料、性能及齿宽系数大致相同的情况下，即齿面接触强度大致相等时，两级齿轮的传动比可按下式分配：

$$i_1 \approx (1.3 \sim 1.4) i_2 \tag{1-8a}$$

或

$$i_1 \approx \sqrt{(1.3 \sim 1.4) i} \tag{1-8b}$$

式中：i_1、i_2 分别为高速级和低速级齿轮的传动比；i 为二级齿轮减速器的总传动比。

对于同轴式减速器，常取 $i_1 \approx i_2 = \sqrt{i}$。

(5) 对于锥—圆柱齿轮减速器，为便于加工，大锥齿轮的尺寸不应过大，为此应限制高速级传动比 $i_1 \leqslant 3$，一般 $i_1 \approx i_2 = \sqrt{i}$。

分配的各级传动比只是初步选定的数值，实际传动比要由传动件参数准确计算，如齿轮传动为齿数比，带传动为带轮直径比。因此，工作机的实际转速，要在传动件设计计算完成后进行核算。如不在误差允许范围内，则应重新调整传动件参数，甚至重新分配传动比。设计要求中未规定转速(或速度)的允许误差时,传动比一般允许在±(3～5)%范围内变化。

任务实施

例 1-3 工作条件及参数同例 1-2,试计算该压片机传动装置的总传动比,并分配各级传动比。

解：电机型号为 Y100L2-4,满载转速为 1430r/min。

(1) 总传动比：

$$i_a = \frac{n_m}{n_W} = \frac{1430}{30} = 47.7$$

(2) 分配传动装置的传动比：

$$i_a = i_0 i$$

式中：i_0和 i 分别为带传动和减速器的传动比。

为使带传动的外廓尺寸不致过大,初步取 $i_0=2.2$(实际的传动比要在设计 V 带传动时,由所选大、小带轮的标准直径之比计算),则减速器的传动比为

$$i = i_a / i_0 = 47.7/2.2 = 21.7$$

(3) 分配减速器的各级传动比：选择 $i_1=1.3i_2$,则 $i_1=5.3$,$i_2=4.09$。

任务 4　计算传动装置的运动和动力参数

任务目标

计算传动装置的运动和动力参数。

任务分析

问题的提出：传动装置中同一轴的输入功率与输出功率是否相同？设计传动零件或轴时采用哪个功率？

在选定电动机型号、分配传动比之后,应计算传动装置各部分的功率及各轴的转速、转矩,为传动零件和轴的设计提供依据。

各轴的转速可根据电动机的满载转速 n_m及传动比进行计算。传动装置各部分的功率和转矩通常指各轴的输入功率和输入转矩。

计算各轴的运动及动力参数时,应先将传动装置中的各轴从高速轴到低速轴依次编号,记为 0 轴,1 轴,2 轴,…,由此,相邻两轴间的传动比为 $i_0,i_1,i_2,\cdots$,相邻两轴间的传动效率为 $\eta_{01},\eta_{12},\eta_{23},\cdots$,各轴的输入功率为 $P_1,P_2,P_3,\cdots$,各轴的转速为 $n_1,n_2,n_3,\cdots$,各轴的输入转矩为 $T_1,T_2,T_3,\cdots$。

电动机轴(0 轴)的输出功率、转速和输出转矩分别为

$$P_0 = P_d \quad (\mathrm{kW})$$

$$n_0 = n_m \quad (r/min)$$

$$T_0 = 9550P_0/n_0 \quad (N \cdot m)$$

1. 传动装置中各轴的转速

$$n_1 = n_m/i_0 \quad (r/min) \tag{1-9}$$

$$n_2 = n_1/i_1 = n_m/(i_0 i_1) \quad (r/min) \tag{1-10}$$

$$n_3 = n_2/i_2 = n_m/(i_0 i_1 i_2) \quad (r/min) \tag{1-11}$$

式中：n_m为电动机满载转速；i_0为电动机至Ⅰ轴的传动比。

2. 传动装置中各轴的输入功率

$$P_1 = P_0 \eta_{01} \quad (kW) \tag{1-12}$$

式中：$\eta_{01} = \eta_1$。

$$P_2 = P_1 \eta_{12} \quad (kW) \tag{1-13}$$

式中：$\eta_{12} = \eta_2 \cdot \eta_3$。

$$P_3 = P_2 \eta_{23} \quad (kW) \tag{1-14}$$

式中：$\eta_{23} = \eta_2 \cdot \eta_3$。

$$P_4 = P_3 \eta_{34} \quad (kW) \tag{1-15}$$

式中：$\eta_{34} = \eta_2 \cdot \eta_4$。

其中：η_1、η_2、η_3、η_4分别为带传动、轴承、齿轮传动和联轴器的传动效率。

3. 传动装置中各轴的输入转矩

$$T_1 = 9550P_1/n_1 = T_0 i_0 \eta_{01} \quad (N \cdot m) \tag{1-16}$$

$$T_2 = 9550P_2/n_2 = T_1 i_1 \eta_{12} \quad (N \cdot m) \tag{1-17}$$

$$T_3 = 9550P_3/n_3 = T_2 i_2 \eta_{23} \quad (N \cdot m) \tag{1-18}$$

$$T_4 = 9550P_4/n_4 = T_3 \cdot \eta_2 \cdot \eta_4 \quad (N \cdot m) \tag{1-19}$$

注意：因为有轴承功率损耗，同一根轴的输出功率（或转矩）与输入功率（或转矩）数值不同，需要精确计算时应取不同的数值。因此，在对传动零件进行设计时，应该用输出功率。同样，因传动零件存在功率损耗，一根轴的输出功率（或转矩）与下一根轴的输入功率（或转矩）数值也不相同。

将以上计算结果整理后列于表中（见例1-4中表格），供后续设计计算时使用。

任务实施

例1-4 工作条件及设计参数同例1-2，试计算传动装置各轴的运动和动力参数。

解：(1) 电机轴（0轴）的转速、输出功率和转矩。

电机轴的转速为

$$n_0 = n_m = 1430 r/min$$

电机轴的输出功率为

$$P_0 = P_d = 2.49 kW$$

电机轴的输出转矩为

$$T_0 = 9550P_0/n_0 = 9550 \times \frac{2.49\text{kW}}{1430\text{r/min}} = 16.6\text{N}\cdot\text{m}$$

(2) 各轴转速。减速器高速轴为 1 轴，中间轴为 2 轴，低速轴为 3 轴，则有：

1 轴转速为

$$n_1 = n_m/i_0 = \frac{1430\text{r/min}}{2.2} = 650\text{r/min}$$

2 轴转速为

$$n_2 = n_1/i_1 = \frac{650\text{r/min}}{5.3} = 122.6\text{r/min}$$

3 轴转速为

$$n_3 = n_2/i_2 = \frac{122.6\text{r/min}}{4.09} = 30.0\text{r/min}$$

曲柄轴转速为

$$n_4 = n_3 = 30.0\text{r/min}$$

(3) 各轴输入功率。按电动机的输出功率计算各轴的输入功率，则有：

1 轴输入功率为

$$P_1 = P_0 \cdot \eta_{01} = P_0 \cdot \eta_1 = 2.49\text{kW} \times 0.96 = 2.39\text{kW}$$

2 轴输入功率为

$$P_2 = P_1 \cdot \eta_{12} = P_1 \cdot \eta_2 \cdot \eta_3 = 2.39\text{kW} \times 0.98 \times 0.97 = 2.27\text{kW}$$

3 轴输入功率为

$$P_3 = P_2 \cdot \eta_{23} = P_2 \cdot \eta_2 \cdot \eta_3 = 2.27\text{kW} \times 0.98 \times 0.97 = 2.16\text{kW}$$

曲柄轴输入功率为

$$P_4 = P_3 \cdot \eta_{34} = P_3 \cdot \eta_2 \cdot \eta_4 = 2.16\text{kW} \times 0.98 \times 0.99 = 2.10\text{kW}$$

1～3 轴的输出功率分别为输入功率乘上轴承效率 0.98，如 1 轴的输出功率为

$$P'_1 = P_1 \cdot \eta_2 = 2.39\text{kW} \times 0.98 = 2.34\text{kW}$$

其余类推。

(4) 各轴输入转矩。按电动机的输出转矩计算各轴的输入转矩，则有：

1 轴输入转矩为

$$\begin{aligned} T_1 &= 9550P_1/n_1 \\ &= T_0 \cdot i_0 \cdot \eta_{01} = T_0 \cdot i_0 \cdot \eta_1 \\ &= 16.6\text{N}\cdot\text{m} \times 2.2 \times 0.96 \\ &= 35.1\text{N}\cdot\text{m} \end{aligned}$$

2 轴输入转矩为

$$\begin{aligned} T_2 &= T_1 \cdot i_1 \cdot \eta_{12} = T_1 \cdot i_1 \cdot \eta_2 \cdot \eta_3 \\ &= 35.1\text{N}\cdot\text{m} \times 5.3 \times 0.98 \times 0.97 \\ &= 176.8\text{N}\cdot\text{m} \end{aligned}$$

3 轴输入转矩为

$$T_3 = T_2 \cdot i_2 \cdot \eta_{23}$$
$$= T_2 \cdot i_2 \cdot \eta_2 \cdot \eta_3$$
$$= 176.8\text{N} \cdot \text{m} \times 4.09 \times 0.98 \times 0.97$$
$$= 687.4\text{N} \cdot \text{m}$$

曲柄轴输入转矩为

$$T_4 = T_3 \cdot \eta_2 \cdot \eta_4$$
$$= 687.4\text{N} \cdot \text{m} \times 0.98 \times 0.99$$
$$= 666.9\text{N} \cdot \text{m}$$

1～3 轴的输出转矩分别为各轴的输入转矩乘上轴承效率 0.98，如 1 轴的输出转矩为

$$T_1' = T_1 \times 0.98 = 35.1\text{N} \cdot \text{m} \times 0.98 = 34.4\text{N} \cdot \text{m}$$

其余类推。

运动和动力参数计算结果整理于下表：

轴名	功率 P/kW		转矩 T/(N·m)		转速 n/(r/min)	传动比 i	效率 η
	输入	输出	输入	输出			
电动机轴		2.49		16.6	1430	2.2	0.96
1 轴	2.39	2.34	35.1	34.4	650	5.3	0.95
2 轴	2.27	2.22	176.8	173.3	122.6	4.09	0.95
3 轴	2.16	2.12	687.4	673.7	30	1.0	0.97
曲柄轴	2.10	2.06	666.9	653.6	30		

思 考 题

1. 为什么带传动一般布置在高速级，链传动布置在低速级？

2. 带传动、齿轮传动、链传动和蜗杆传动应如何布置？为什么？

3. 蜗杆传动在多级传动中应如何布置？

4. 锥齿轮传动为何布置在高速级？

5. 如何根据工作机所需功率确定所选电动机的额定功率？工作机所需电动机的功率与电动机的额定功率关系如何？设计传动装置时应按哪一种功率计算？

6. 电动机转速高低对设计方案有何影响？

7. 分配传动比的原则有哪些？传动比的分配对总体方案有何影响？工作机计算转速与实际转速间的误差如何处理？

8. 传动装置中各相邻轴间的功率、转速和转矩关系如何？

9. 传动装置中同一轴的输入功率与输出功率是否相同？设计传动零件或轴时采用哪个功率？

10. 如何查出电动机型号？Y 系列电动机型号中各符号的含义？

11. 传动装置的效率如何计算？计算总效率时要考虑哪些原则？

12. 减速器的主要类型有哪些？各有什么特点？

模块二　减速器的结构

减速器的类型很多，但其基本结构均由传动零件、轴系部件、箱体及附件等组成。各类传动零件、轴系部件（轴的结构及轴承组合结构）等在机械设计教材和课堂教学中均已作了介绍和讨论，这里仅简单介绍减速器箱体及附件，并给出传动零件及轴承的润滑方式。

任务1　明确减速器的结构

任务目标

明确减速器的组成和结构。

任务分析

如前所述，本部分不考虑减速器内的传动零件和轴系结构，主要给出减速器结构的箱体及附件。图 2-1 为二级圆柱齿轮减速器的结构，图 2-2 为蜗杆减速器的结构，图 2-3 为锥齿轮减速器的结构。

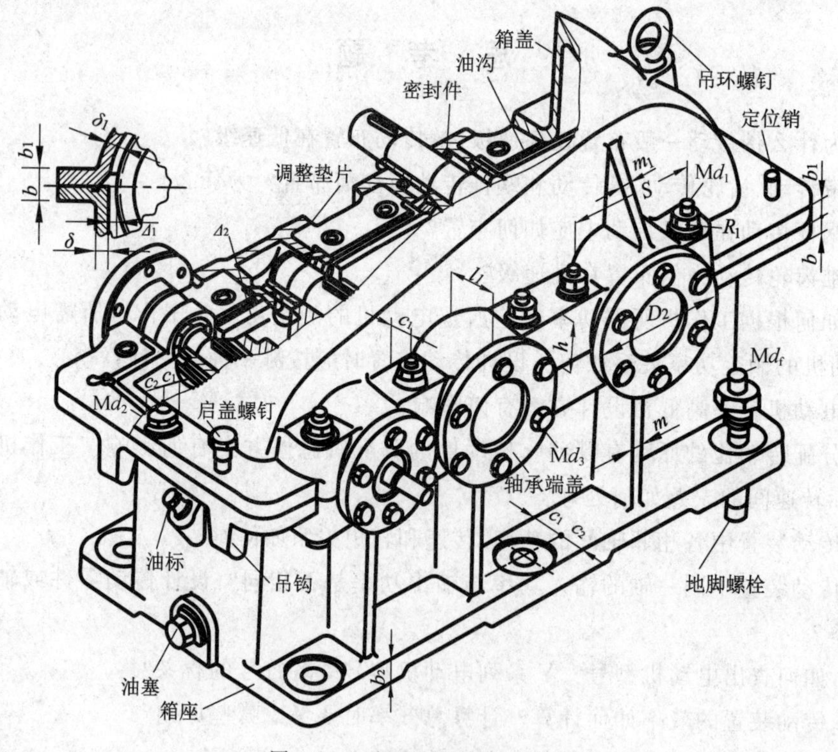

图 2-1　二级圆柱齿轮减速器

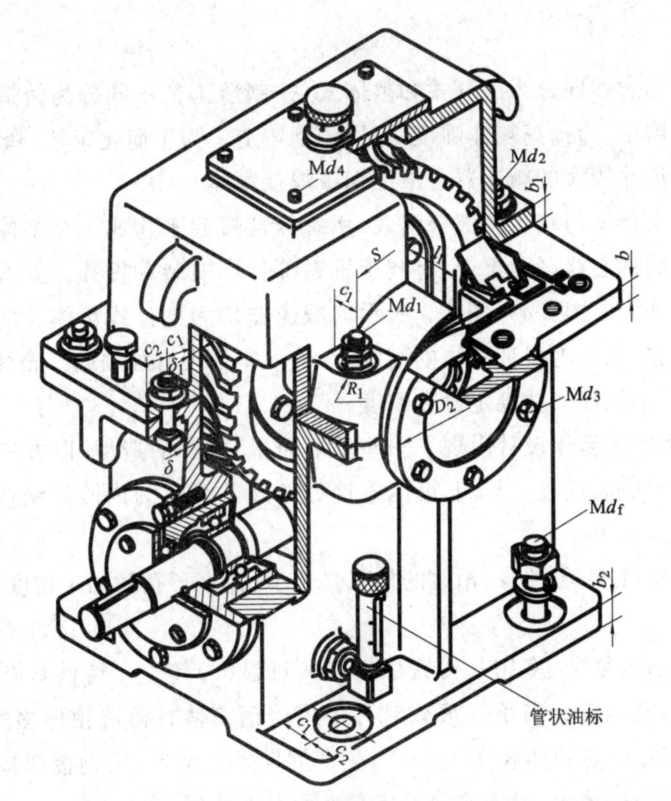

图 2-2　蜗杆减速器

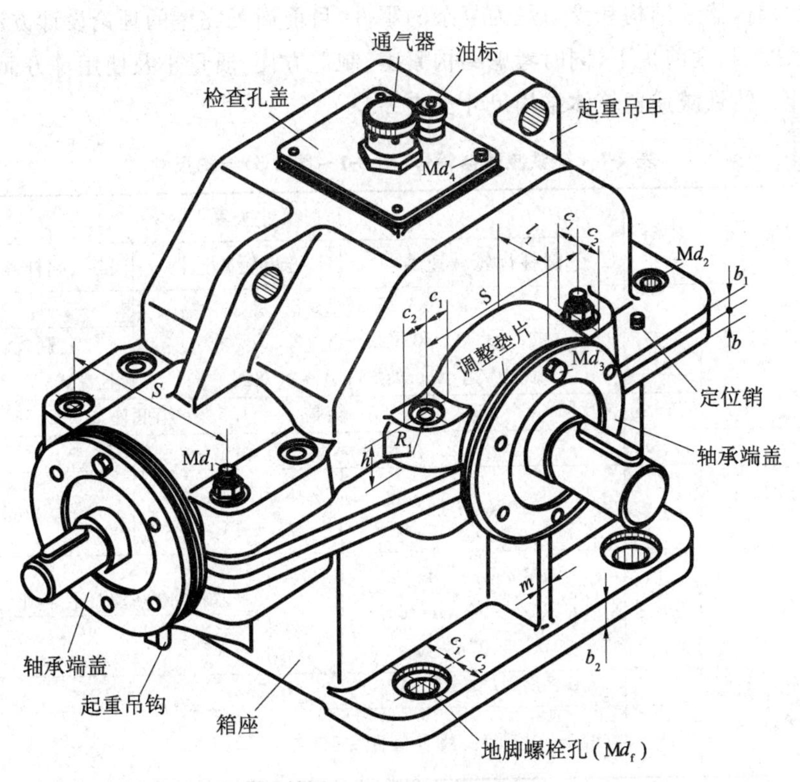

图 2-3　锥齿轮减速器

1. 箱体

箱体按结构形式不同分为剖分式和整体式，按制造工艺不同分为铸造箱体和焊接箱体。在重型减速器中，为提高箱体强度，可用铸钢铸造。为了简化工艺、降低成本，小批量或是单件生产的尺寸较大的减速器可采用钢板焊接箱体。

剖分式箱体由箱座与箱盖两部分组成，用螺栓连接起来构成一个整体。剖分面与减速器内传动零件的轴心线平面重合，有利于轴系部件的安装和拆卸。立式大型减速器可以采用若干个剖分面。图 2-1～图 2-3 所示的减速器均为剖分式箱体。剖分面需有一定的宽度，且要仔细加工。为保证箱体的刚度，在轴承座处设有加强肋。箱体底座要求有一定的宽度和厚度，以保证安装稳定性和刚度。

近年来，减速器的箱体设计出现了一些外形简单、整齐的造型，以方形小圆角过渡代替了传统的大圆角曲面过渡；上、下箱体连接处的外凸缘改为内凸缘结构；加强肋和轴承座均设在箱体内部等。

整体式箱体质量小、零件少、箱体的加工量也少，提高了孔的加工精度，但是轴系的装配比较复杂。

减速器箱体结构复杂，多用灰铸铁（HT150、HT200）铸造。铸铁具有良好的铸造性能和切削加工性，成本低。当承受重载时可采用铸钢箱体。铸造箱体多用于批量生产。一般地，焊接箱体比铸造箱体轻 1/4～1/2，生产周期短。但是，用钢板焊接时容易产生热变形，要求较高的焊接技术，焊接成型后还需进行退火处理。

箱体是减速器中结构和受力最为复杂的零件，目前尚无完整的理论设计方法，因此都是在满足强度、刚度前提下，同时考虑结构紧凑、制造方便、质量小及使用等方面的要求进行经验设计。铸铁减速器箱体结构尺寸见表 2-1。

表 2-1　铸铁减速器箱体（图 2-1～图 2-3）结构尺寸

<table>
<tr><th rowspan="2">名　称</th><th rowspan="2">符号</th><th colspan="3">尺寸关系</th></tr>
<tr><th>圆柱齿轮减速器</th><th>锥齿轮减速器</th><th>蜗杆减速器</th></tr>
<tr><td>箱座壁厚</td><td>δ</td><td colspan="2">$\delta=0.025a+\Delta\geqslant 8$</td><td>$0.04a+3\geqslant 8$</td></tr>
<tr><td>箱盖壁厚</td><td>δ_1</td><td colspan="2">$\delta_1=0.02a+\Delta\geqslant 8$
式中：$\Delta=1$（单级）；$\Delta=3$（双级）</td><td>上置式：$\delta_1=\delta$
下置式：$\delta_1=0.85\delta\geqslant 8$</td></tr>
<tr><td>箱体凸缘厚度</td><td>b、b_1、b_2</td><td colspan="3">箱座 $b=1.5\delta$；箱盖 $b_1=1.5\delta_1$；箱底座 $b_2=2.5\delta$</td></tr>
<tr><td>加强肋厚</td><td>m、m_1</td><td colspan="3">箱座 $m=0.85\delta$；箱盖 $m_1=0.85\delta_1$</td></tr>
<tr><td>地脚螺栓直径</td><td>d_f</td><td>$0.036a+12$</td><td>$0.018(d_{m1}+d_{m2}+1)\geqslant 12$</td><td>$0.036a+12$</td></tr>
<tr><td>地脚螺栓数目</td><td>n</td><td>$a\leqslant 250, n=4$；
$a>250\sim 500, n=6$；
$a>500, n=8$</td><td colspan="2">$n=\dfrac{\text{箱底座凸缘周长一半}}{200\sim 300}\geqslant 4$</td></tr>
<tr><td>轴承旁连接螺栓直径</td><td>d_1</td><td colspan="3">$0.75d_f$</td></tr>
<tr><td>箱盖、箱座连接螺栓直径</td><td>d_2</td><td colspan="3">$(0.5\sim 0.6)d_f$；螺栓间距$\leqslant 150\sim 200$</td></tr>
</table>

<table>
<tr><th rowspan="2">名　　称</th><th rowspan="2">符号</th><th colspan="9">尺寸关系</th></tr>
<tr><th colspan="3">圆柱齿轮减速器</th><th colspan="3">锥齿轮减速器</th><th colspan="3">蜗杆减速器</th></tr>
<tr><td rowspan="5">轴承端盖螺钉直径和数目</td><td rowspan="5">d_3、n</td><td colspan="3">轴承外径 D/mm</td><td colspan="3">螺钉直径 d_3</td><td colspan="3">螺钉数目 n</td></tr>
<tr><td colspan="3">45～65</td><td colspan="3">M6～M8</td><td colspan="3">4</td></tr>
<tr><td colspan="3">70～100</td><td colspan="3">M8～M10</td><td colspan="3">4～6</td></tr>
<tr><td colspan="3">110～140</td><td colspan="3">M10～M12</td><td colspan="3">6</td></tr>
<tr><td colspan="3">150～230</td><td colspan="3">M12～M16</td><td colspan="3">8</td></tr>
<tr><td>轴承端盖(轴承座端面)外径</td><td>D_2</td><td colspan="9">$S \approx D_2$，为轴承两侧连接螺栓间的距离；$D_2 = D_0 + 2.5d_3$；$D_0 = D + 2.5d_3$；D_0 为轴承端盖螺钉所在圆的直径</td></tr>
<tr><td>检查孔盖螺钉直径</td><td>d_4</td><td colspan="9">$(0.3 \sim 0.4)d_f$</td></tr>
<tr><td rowspan="3">d_f、d_1、d_2 至箱外壁距离；d_f、d_2 至凸缘边缘的距离</td><td rowspan="3">c_1、c_2</td><td>螺栓直径</td><td>M8</td><td>M10</td><td>M12</td><td>M16</td><td>M20</td><td>M24</td><td>M27</td><td>M30</td></tr>
<tr><td>$c_{1\min}$</td><td>13</td><td>16</td><td>18</td><td>22</td><td>26</td><td>34</td><td>34</td><td>40</td></tr>
<tr><td>$c_{2\min}$</td><td>11</td><td>14</td><td>16</td><td>20</td><td>24</td><td>28</td><td>32</td><td>34</td></tr>
<tr><td>轴承旁凸台高度和半径</td><td>h、R_1</td><td colspan="9">h 由结构确定；$R_1 = c_2$</td></tr>
<tr><td>箱体外壁至轴承座端面的距离</td><td>l_1</td><td colspan="9">$c_1 + c_2 + (5 \sim 10)$</td></tr>
</table>

注：1. 对锥-圆柱齿轮减速器，按双级考虑，$a = (d_{m1} + d_{m2})/2$，d_{m1}、d_{m2} 为两圆锥齿轮的平均直径。

2. a 按低速级圆柱齿轮传动中心距取值

2. 减速器的附件

为了检查传动件的啮合情况，改善传动件及轴承的润滑条件、注油、排油、指示油面、通气及装拆吊运等，减速器常设置各种附件。这些附件应按其用途设置在箱体的合适位置，并要便于加工和装拆。减速器各附件的名称和用途见表 2-2。

表 2-2　减速器附件(图 2-1～图 2-3)的名称和用途

名　　称	用　　途
检查孔盖和检查孔	为检查传动零件的啮合和润滑情况并向箱体内注入润滑油，在传动件啮合区的上方设置检查孔。为防止润滑油飞溅出来和污物进入箱体内，在检查孔上应加设检查孔盖，并用螺钉固定在箱盖上
放油孔及螺塞	为了将污油排放干净，应在油池的最低位置处开设放油孔，平时用螺塞将其堵住。放油螺塞和箱体接合面间应加防漏的垫圈。螺塞有细牙螺纹圆柱螺塞和圆锥螺塞两种。圆锥螺塞形成密封连接，不需附加密封；而圆柱螺塞必须配置密封垫圈，垫圈材料为耐油橡胶、石棉及皮革等
油标	用于检查减速器箱内油池的油面高度，以保持传动件的润滑。一般设置在箱体上便于观察、油面较稳定的位置
通气器	减速器工作时，由于摩擦发热，箱体内会温度升高，气体膨胀，压力增大。为使箱内热胀空气能自由排出，以保持箱体内外压力相等，不致使润滑油沿箱体接合面、轴伸密封件处等缝隙渗漏出来，通常在箱盖顶部或检查孔盖板上装设通气器
启盖螺钉	为加强减速器的密封效果，装配时常在箱体剖分面上涂有水玻璃或密封胶，因此在拆卸时往往因胶结紧密难于开盖。为此，常在箱盖连接凸缘上设置 1 个或 2 个启盖螺钉。拆卸箱盖时，拧动启盖螺钉，便可顶起箱盖

续表

名　　称	用　　途
定位销	为保证每次拆卸箱盖时，仍保持轴承座孔加工制造时的精度，应在精加工轴承孔之前，在箱盖和箱座的连接凸缘上配装两个定位销，安置在箱体纵向两侧连接凸缘上，对称箱体应呈非对称布置，以免错装
起吊装置	为了便于搬运和拆卸箱盖，在箱盖上装有吊环螺钉，或铸出吊耳、吊环。为了搬运箱座或整个减速器，在箱座两端连接凸缘处铸出吊钩
调整垫片	调整垫片由多片很薄的软金属制成，用以调整轴承间隙。有的垫片还要起调整传动零件(如蜗轮、锥齿轮等)轴向位置的作用
密封装置	伸出轴与端盖之间有间隙，必须安装密封件，以防止漏油和污物进入箱体内。密封件多为标准件，其密封效果相差很大，应根据具体情况选用

任务实施

对照图 2-1～图 2-3，指出减速器的各个组成部分，并简述其功能。

任务 2　明确减速器内部传动零件和轴承的润滑方式

任务目标

(1) 明确减速器内部传动零件的润滑方式；

(2) 明确滚动轴承的润滑方式。

任务分析

减速器的润滑包括传动零件(齿轮、蜗杆和蜗轮等)的润滑和滚动轴承的润滑。

1. 传动零件的润滑

齿轮和蜗杆传动，除少数低速($v<0.5$m/s)小型减速器采用脂润滑外，绝大多数采用油润滑，其主要润滑方式为浸油润滑。对于高速传动，则为压力喷油润滑。表 2-3 列出了减速器内传动零件的润滑方式及其应用。

下置式蜗杆的油面浸到轴承最下面滚动体中心而蜗杆齿仍未浸入油中(或浸油深度不足)时，可在蜗杆轴两侧分别装上溅油轮，以便把油溅到蜗轮端面上，而后流入啮合面进行润滑。

浸油润滑时，为避免大齿轮回转将油池底部的沉积物搅起，大齿轮齿顶圆到油池底面的距离 Δ_6 不应小于 30～50mm。由此，在图上即可绘出合适的油面位置，然后量出油池的高度 h_0 及箱座内底面的面积 S，从而能算出实际的装油量 V。V 应大于或等于传动的需油量 V_0，即 $V\geqslant V_0$。若 $V<V_0$ 时，应将箱座底面向下移，增大油池高度，以满足 $V\geqslant V_0$ 的润滑条件。

对于单级传动，每传递 1kW 功率需油量 V_0 为 350～700cm^3，多级传动的需油量则按级数成比例增加。则油池高度按需油量确定为

$$h_0 = V_0 \times 10^{-6} P/S \quad (\mathrm{m}) \tag{2-1}$$

式中：V_0为减速器传递1kW功率的需油量(cm^3)；P为减速器的功率(kW)；S为箱座底面积(m^2)。

表 2-3　减速器内传动零件的润滑方式及其应用

润滑方式			应用说明
浸油润滑	单级圆柱齿轮减速器	当$m<20$时，浸油深度h约为1个齿高，但不小于10mm。	适用于齿轮圆周速度$v\leqslant 12\mathrm{m/s}$，蜗杆圆周速度$v\leqslant 10\mathrm{m/s}$的场合。 为保证啮合轮齿的充分润滑，控制搅油损失和发热量，传动件的浸油深度不宜太深或太浅。 对于二级齿轮减速器，设计时应选择合适的传动比，使各级大齿轮的直径大致相等，以便浸油深度相近。若高速级大齿轮浸油深度不能满足要求，可采用： (1) 带油轮润滑，带油轮常用塑料制成，宽度为齿轮宽度的1/3～1/2，浸油深度约为0.7个齿高，但不小于10mm； (2) 带油环润滑，常用于立式减速器中； (3) 分隔式油池，即把高速级和低速级的油池隔开，分别确定相应的油面高度。 对于蜗杆减速器，当蜗杆圆周速度$v\leqslant 4\sim5\mathrm{m/s}$时，建议蜗杆置于箱体下方(蜗杆下置)；当$v>4\sim5\mathrm{m/s}$时，建议蜗杆置于箱体上方(蜗杆上置)
	二级或多级圆柱齿轮减速器	高速级：h_f约为0.7个齿高，但不小于10mm。 低速级：h_s按圆周速度大小而定，速度大者取小值，即当$v=0.8\sim12\mathrm{m/s}$时，大齿轮浸油深度$h_s=1$个齿高(不小于10mm)～1/6齿轮半径；当$v=0.5\sim0.8\mathrm{m/s}$时，大齿轮浸油深度$h_s=(1/6\sim1/3)$齿轮半径。 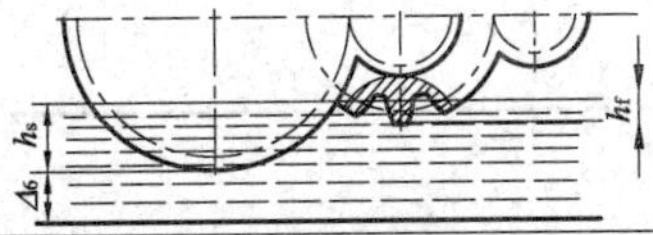 h_s　h_f　Δ_6	
	圆锥齿轮减速器	整个大圆锥齿轮齿宽(至少0.5个齿宽)浸入油中。 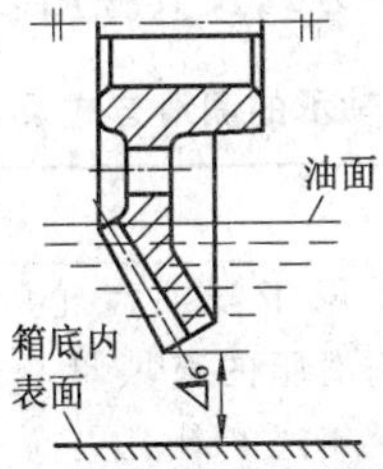 油面 箱底内表面 Δ_6	
	蜗杆减速器	蜗杆下置式：$h\geqslant1$个螺牙高，但油面不应高于蜗杆轴承最低滚动体的中心。 蜗杆上置式：h同低速级大齿轮的浸油深度h_s。 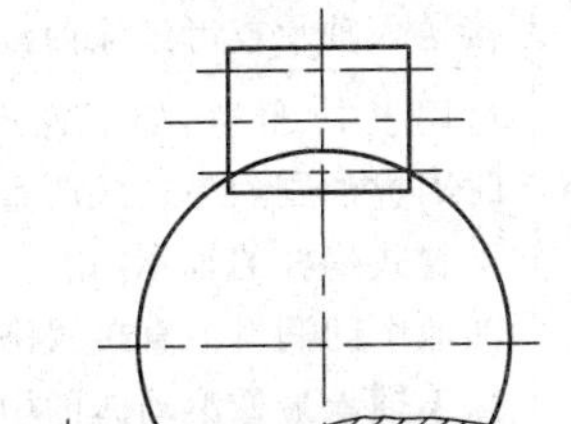 a　h　Δ_6 (a) 蜗杆下置 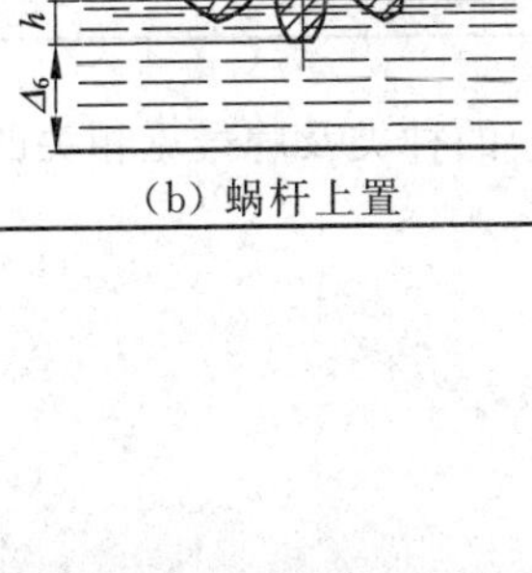 h　Δ_6 (b) 蜗杆上置	

续表

润滑方式		应用说明
喷油润滑	利用油泵(压力为0.05～0.3MPa)将润滑油从喷嘴直喷到啮合面上。喷油润滑需要专门的供油装置，费用较贵。 当$v \leqslant 25$m/s时，喷嘴位于轮齿啮出或啮入一边皆可；当$v>25$m/s时，喷嘴应位于轮齿啮出的一边，以借润滑油冷却刚啮合过的轮齿，同时对轮齿进行润滑。 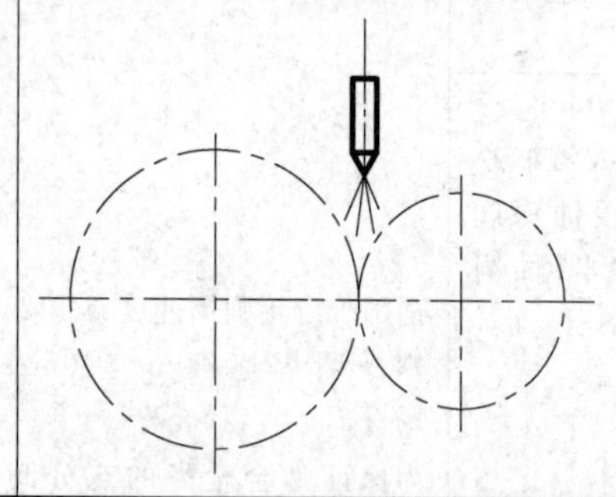	适用于齿轮圆周速度$v>12$m/s，或蜗杆圆周速度$v>10$m/s时，因黏在轮齿上的油会被离心力甩掉而送不到啮合面，且油被搅动过甚，会使油温升高、油起泡沫或氧化等，宜用喷油润滑。 喷油润滑也常用于速度并不高但工作繁重的重型减速器，或需要借润滑油进行冷却的重要减速器

2. 滚动轴承的润滑

表2-4列出了减速器内滚动轴承的润滑方式及其应用。

表2-4　减速器内滚动轴承的润滑方式及其应用

润滑方式			应用
脂润滑		润滑脂直接填进轴承室	适用于浸油齿轮的圆周速度$v<1.5\sim2$m/s时。润滑脂的充填量一般为轴承室的1/3～2/3，每隔半年左右补充更换一次
油润滑	飞溅润滑	利用齿轮溅起的油形成油雾进入轴承室或将飞溅到箱盖内壁的油汇集到输油沟内，再流入轴承进行润滑	适用于浸油齿轮的圆周速度$v \geqslant 1.5\sim2$m/s时。当$v>3$m/s时，飞溅的油可形成油雾，直接溅入轴承室；当v不够大或油的黏度较大，而不易形成油雾时，为了润滑可靠起见，常在箱座结合面上制出(铣或铸造)输油沟，让溅到箱盖内壁上的油汇集在油沟内，而后流入轴承进行润滑
	刮板润滑	利用刮板将油从轮缘端面刮下后经输油沟流入轴承	当浸入油池的传动零件的圆周速度$v<1.5\sim2$m/s时，溅油效果不大时，为保证轴承的用油量，可用刮油板将油从浸油的旋转零件上刮下来，将刮下来的油直接送入轴承或者经输油沟流入轴承
	浸油润滑	使轴承局部浸入油中，但油面应不高于最低滚动体的中心	适用于中、低速，如下置式蜗杆轴的轴承润滑。高速时因搅油剧烈易造成严重过热。 下置式蜗杆的轴承，由于轴承位置较低，可利用箱内油池中的润滑油直接浸浴轴承进行润滑，但油面不应高于轴承最低滚动体的中心线，以免搅油损失过大引起轴承发热

齿轮、蜗杆及轴承所用的润滑油(脂)的种类及牌号见相关的机械设计手册。

任务实施

根据所设计的减速器参数,确定减速器内传动零件的润滑方式及轴承的润滑方式。

思　考　题

1. 减速器箱体有哪些结构形式?各有何特点?
2. 减速器有哪些必要的附属装置?其作用是什么?
3. 减速器内部传动零件和滚动轴承有哪些常用的润滑方式?
4. 下置式蜗杆减速器传动零件和轴承如何进行润滑?
5. 通气器、油标、螺塞的作用是什么?
6. 为什么要安装启盖螺钉?
7. 定位销的作用是什么?
8. 密封装置的作用是什么?

模块三　传动零件设计

传动装置是由各种类型的零部件组成的，其中决定其工作性能、结构布置和尺寸大小的主要是传动零件。而支承零件和连接零件等都要根据传动零件的需求来设计。所以，一般应先设计传动零件。传动零件的设计包括确定传动零件的材料、热处理方法、参数、尺寸和主要结构。减速器是独立、完整的传动部件，为了使设计减速器时的原始条件比较准确，通常应先设计减速器外的传动零件，如带传动、链传动和开式齿轮传动等。

各类传动零件的设计方法均按有关教材所述，这里仅就设计传动零件时应注意的问题做简要提示。

任务1　设计减速器外部的传动零件

在明确减速器结构的基础上，进行传动零件的设计。按照先减速器外传动零件、后减速器内传动零件的顺序进行设计。装配图一般只画减速器部分，而不画减速器外的传动零件。

任务目标

设计减速器外部的传动零件：V带传动、链传动和开式齿轮传动。

任务分析

减速器外常用的传动零件有普通V带传动、链传动和开式齿轮传动。

1. V带传动

设计普通V带传动所需的已知条件主要有：原动机种类和所需传递的功率；主动轮和从动轮的转速(或传动比)；工作要求及对外廓尺寸、传动位置的要求等。设计内容包括：确定V带的型号、长度和根数；带轮的材料和结构；传动中心距以及带传动的张紧装置等。

设计时应检查带轮的尺寸与传动装置外廓尺寸是否相适应，例如：装在电动机轴上的小带轮直径与电动机中心高是否相称；其轴孔直径和长度与电动机轴直径和长度是否相对应；大带轮外圆是否与机架干涉等。如有不合理的情况，应考虑改选带轮直径，重新设计。

在确定大带轮轴孔直径和长度时，应与减速器输入轴轴伸的直径和长度相适应，轴孔直径一般应符合标准规定。带轮轮毂长度与带轮轮缘长度不一定相同，一般轮毂长度l可按轴孔直径d确定。通常取$l=(1.5\sim2)d$。而轮缘长度则取决于带的型号和根数。

由带轮直径及带传动的滑动率计算实际传动比和从动带轮转速，并以此修正减速器所要求的传动比和输入转矩。

2. 链传动

设计链传动所需的已知条件主要有：载荷特性和工作情况；传递功率；主动链轮与从动链轮的转速；外廓尺寸，传动布置方式以及润滑条件等。设计内容包括：确定链条的节距、排数和链节数；链轮的材料和结构尺寸；传动中心距；张紧装置以及润滑方式等。

与前述带传动设计中应注意的问题类似，设计时应检查链轮直径尺寸、轴孔尺寸、轮毂尺寸等是否与减速器或工作机相适应。大、小链轮的齿数最好选择奇数或不能整除链节数的数。一般限定 $z_{\min}=17$，而 $z_{\max}<120$。为避免使用过渡链节，链节数最好取偶数。当采用单排链传动而计算出的链节距过大时，应改选双排链或多排链。

设计时还应注意，当选用的单排链尺寸过大时，应改选双排或多排链，以尽量减小节距；滚子链轮端面齿形已经标准化，有专门的刀具加工，因此在画链轮结构图时不必画出端面齿形图。轴面齿形则应按标准确定尺寸并在图中注明。

3. 开式齿轮传动

设计开式齿轮传动所需的已知条件主要有：传递功率，转速，传动比，工作条件和尺寸限制等。设计内容包括：选择材料，确定齿轮传动的参数（齿数、模数、螺旋角、变位系数、中心距、齿宽等），齿轮的其他几何尺寸和结构以及作用在轴上力的大小和方向等。

开式齿轮只需计算轮齿弯曲强度，考虑到齿面的磨损，应将强度计算求得的模数加大10％～20％。

开式齿轮传动一般用于低速，为使支承结构简单，常采用直齿。由于润滑及密封条件差，灰尘大，故应注意材料配对的选择，使之具有较好的减摩和耐磨性能。

开式齿轮轴的支座刚度较小，齿宽系数应取小些，以减轻轮齿偏载。

任务实施

按照课堂讲授，参考机械设计教材和机械设计手册进行传动零件的设计计算，得到传动零件的主要尺寸。尺寸参数确定后，应检查传动的外廓尺寸，如与其他零件发生干涉或碰撞，则应该修改参数重新计算。

任务 2　设计减速器内部的传动零件

任务目标

设计减速器内部的传动零件：圆柱齿轮传动、蜗杆传动和锥齿轮传动。

任务分析

齿轮传动和蜗杆传动的设计步骤与公式可参阅有关教材。下面对设计中应注意的问题做简要提示。

1. 圆柱齿轮传动

(1) 齿轮材料及热处理方法的选择，要考虑齿轮毛坯的制造方法。当齿轮的顶圆直径 $d_a \leqslant 500$mm 时，一般采用锻造毛坯；当 $d_a > 500$mm 时，因受锻造设备能力的限制，多采用铸造毛坯；当齿轮直径与轴的直径相差不大时，应将齿轮和轴做成一体，选择材料时要兼顾齿轮及轴的一致性要求；同一减速器内各级大小齿轮的材料最好对应相同，以减少材料牌号和简化工艺要求。

(2) 齿轮传动的几何参数和尺寸应分别进行标准化、圆整或计算其精确值。例如：模数必须标准化；中心距和齿宽应圆整；分度圆、齿顶圆和齿根圆直径、螺旋角、变位系数等啮合尺寸必须计算其精确值。要求长度尺寸精确到小数点后 2～3 位(单位为 mm)，角度精确到秒。

为便于制造和测量，中心距应尽量圆整成尾数为 0 或 5。对直齿圆柱齿轮传动，可以通过调整模数 m 和齿数 z，或采用角变位来达到；对斜齿圆柱齿轮传动，还可以通过调整螺旋角 β 来实现中心距尾数圆整的要求。

齿轮的结构尺寸都应尽量圆整，以便于制造和测量。轮毂直径和长度、轮辐的厚度和孔径、轮缘长度和内径等，按设计资料给定的经验公式计算后进行圆整。

(3) 齿宽 b 应是一对齿轮的工作宽度，为易于补偿齿轮轴向位置误差，应使小齿轮宽度大于大齿轮宽度，若大齿轮宽度取 b_2，则小齿轮齿宽取 $b_1 = b_2 + (5 \sim 10)$mm。

2. 蜗杆传动

(1) 蜗杆副材料的选择与滑动速度有关。一般是在初估滑动速度的基础上选择材料，蜗杆副的滑动速度，可由下式估计：

$$v_s = 5.2 \times 10^{-4} n_1 \sqrt[3]{T_2} \quad (\text{m/s}) \tag{3-1}$$

式中：n_1 为蜗杆转速(r/min)；T_2 为蜗轮轴转矩(N·m)。

待蜗杆传动的尺寸确定后，应校核滑动速度和传动效率，如与初估值有较大出入，则应重新修正计算，其中包括检查材料选择是否恰当。

(2) 为便于加工，蜗杆和蜗轮的螺旋线方向应尽量取右旋。

(3) 模数 m 和蜗杆分度圆直径 d_1 要符合标准规定。在确定 m、d_1 和 z_2 后，计算中心距时应尽量圆整成尾数为 0 或 5，为此，常需将蜗杆传动做成变位传动，即对蜗轮进行变位，变位系数应在 $-1 \leqslant x_2 \leqslant 1$ 之间，如不符合，则应调整 d_1 值或改变蜗轮 1～2 个齿数。

(4) 蜗杆分度圆圆周速度 $v_1 \leqslant 4 \sim 5$m/s 时，一般将蜗杆下置；$v_1 > 4 \sim 5$m/s 时，则将其上置。

(5) 蜗杆强度及刚度验算、蜗杆传动热平衡计算都要在画装配草图后进行。

3. 锥齿轮传动

除参照圆柱齿轮传动的各点外，还需注意以下三点：

(1) 锥齿轮以大端参数为标准，计算节锥顶距 R，节圆直径 d(大端)等几何尺寸都要用到大端模数，这些尺寸都应准确计算，不能圆整，保留至小数点后 3 位。

(2) 两轴交角为 90°时，分度圆锥角 δ_1 和 δ_2 可由齿数比 $u = z_2/z_1$ 计算，其中小锥齿轮齿数 z_1 可取 17～25，u 值的计算应达小数点后第 4 位，δ_1 和 δ_2 的计算值应精确到角秒。

(3) 大小锥齿轮的齿宽应相等，齿宽 b 的数值应圆整。

任务实施

按照课堂讲授，参考机械设计教材和机械设计手册进行传动零件的设计计算，得到传动零件的主要尺寸，如齿(蜗)轮分度圆直径，齿顶圆直径、齿宽及传动中心距等。

注意齿轮或蜗轮的圆周速度对传动零件及减速器内滚动轴承润滑方式的影响。

任务3　选择联轴器

任务目标

选择联轴器的类型和型号。

任务分析

减速器常通过联轴器与电动机轴、工作机轴相连接。联轴器的选择包括联轴器类型和尺寸(或型号)等的合理选择。

联轴器的类型应根据工作要求选定。连接电动机轴与减速器高速轴的联轴器，由于轴的转速较高，一般应选用具有缓冲、吸振作用的有弹性元件的挠性联轴器，如弹性套柱销联轴器、弹性柱销联轴器。减速器低速轴(输出轴)与工作机轴连接用的联轴器，由于轴的转速较低，传递的转矩较大，又因为减速器轴与工作机轴之间往往有较大的轴线偏移，因此，常选无弹性元件的挠性联轴器，如滚子链联轴器、齿式联轴器。对于中小型减速器，其输出轴与工作机轴的轴线偏移不很大时，也可选用弹性柱销联轴器。

联轴器型号按计算转矩进行选择。所选定的联轴器轴孔直径的范围应与被连接两轴的直径相适应。应注意减速器高速外伸轴段的轴径与电动机的轴径相差不得很大，否则难以选择合适的联轴器。电动机选定后，其轴径是一定的，应注意调整减速器高速轴外伸端的直径。

联轴器型号选定后应将有关尺寸列表备用。

任务实施

例 3-1：图 1-2 压片机的传动装置简图中，图 1-2(a)和(b)中的联轴器应如何选择？

解：图 1-2(a)中低速轴可选择无弹性元件的挠性联轴器，如齿式联轴器；图 1-2(b)中高速轴一般选有弹性元件的挠性弹性联轴器，如弹性套柱销联轴器。

思　考　题

1. 传动装置设计中，为什么要先算减速器外的传动零件？
2. 如何设计带传动、链传动、齿轮传动和蜗杆传动，需要考虑哪些问题？

3. 如何选择联轴器？确定联轴器孔径时需要考虑什么？

4. 齿轮传动参数中，哪些应取标准值？哪些应精确计算？哪些应圆整？

5. 若对圆柱齿轮传动的中心距数值进行圆整，应如何处理模数 m、齿数 z、螺旋角 β、变位系数 x 等参数？

6. 齿轮的材料和结构之间是什么关系？

7. 圆锥齿轮传动的节锥顶距 R 能不能圆整？为什么？

8. 如何估算蜗杆传动的滑动速度 v_s？设计结果的滑动速度与预估值不符时要修改哪些参数？

模块四　减速器装配草图设计

装配图是表达各零件的相互关系、位置、形状和尺寸的图样，也是机器组装、调试、维护和绘制零件图等的技术依据。

在设计过程中，应先画出装配图，再根据装配图画零件图。零件加工完后，根据装配图进行装配和检验，产品的使用和维护也都依据装配图及相关技术文件进行。所以装配图在整个产品的设计、制造、装配和使用过程中起着重要作用。

由于装配图的设计和绘制过程比较复杂，因此，应先进行装配草图设计。在设计过程中，必须综合考虑零件的工作条件、材料、强度、刚度、制造、装配、调整、润滑和密封等方面的要求，用足够的视图和剖面图表达清楚，以期得到工作性能好、制造维护方便、成本低廉的机器。

装配草图的设计内容包括：

(1) 确定轴的结构及其尺寸。

(2) 选择轴承型号。

(3) 确定轴的支点距离和轴上零件力的作用点。

(4) 设计和绘制轴上的传动零件和其他零件的结构。

(5) 箱体及其附件的结构，为装配工作图、零件工作图等的设计打下基础。

(6) 验算轴和键连接的强度及轴承寿命。

在绘图过程中要注意传动零件的结构尺寸是否协调以及是否有干涉。

在装配草图的设计过程中，绘图与计算是交互进行的，设计时通常"边计算、边画图、边修改"，逐步完善和细化设计图纸。应该避免单纯追求图纸的表面美观，而不愿修改已发现的不合理结构。

装配草图设计可按下列步骤进行：①装配草图设计的准备；②初绘装配草图；③轴、轴承和键连接的校核计算；④完成装配草图。

任务1　装配草图设计准备

任务目标

初绘减速器装配草图的准备，明确减速器各零件的相互位置。

任务分析

在绘制装配草图前应做好以下准备工作：

（1）通过参观或装拆实际减速器，观看有关减速器的录像，阅读减速器装配图，了解各零部件的功用、结构和相互关系，做到对设计内容心中有数。

（2）确定传动零件的主要尺寸，如齿轮或蜗轮的分度圆和齿顶圆直径、宽度、轮毂长度、传动中心距等。

（3）按已选定的电动机类型和型号查出其轴径、轴伸长度和键槽尺寸。

（4）按工作条件和转速选定联轴器的类型和型号，查出对两端轴孔直径和孔宽及其有关装配尺寸的要求。

（5）按工作条件初步选择轴承类型及支承形式。

（6）确定滚动轴承的润滑和密封方式。

（7）确定减速器箱体的结构方案（如剖分式、整体式等），轴承端盖形式（凸缘式或嵌入式）。计算出箱体各部分的尺寸，图 2-1～图 2-3 为铸造箱体的减速器结构图，其各部分尺寸可按表 2-1 确定。

在做好以上准备工作后，即可开始装配草图的设计。

任务 2　初绘装配草图

任务目标

（1）选择比例尺，合理布置图面；

（2）确定减速器各零件的相互位置；

（3）进行轴的结构设计。

任务分析

传动零件、轴和轴承是减速器的主要零件，其他零件的结构尺寸随之而定。绘图时先画主要零件，后画次要零件；由箱内零件画起，内外兼顾，逐步向外画，先画出零件的中心线及轮廓线，后画细部结构。画图时要以一个视图为主，兼顾其他视图。

初绘装配草图的步骤如下。

1. 选择比例尺，合理布置图面

1）确定绘图的有效面积

一般二级减速器应用 A0 图纸。绘制时按规定先绘出图框线及标题栏（按国家标准），图纸上所剩的空白区域为绘图的有效面积。布图时，应根据传动件的中心距、顶圆直径及轮宽等主要尺寸，估计出减速器的轮廓尺寸，合理布置图面。

2）选定比例尺

在绘图的有效面积内，应能妥善安排视图所占的最大面积、尺寸线、零件编号、技术要求及减速器技术特性等所占的位置，全面考虑这些因素才能正确决定视图的比例尺，如表 4-1 所列。初做设计时，为加强真实感，应优先选用 1∶1 的比例尺。若减速器的尺寸相对于图纸尺寸过大或过小时，也可以选用其他比例尺。必要时也可按机械制图的规定，将图纸加长或加宽，以满足绘图要求。

表 4-1 图样比例（摘自 GB/T 14690—1993）

原值比例	1∶1
缩小比例	(1∶1.5) 1∶2 (1∶2.5) (1∶3) (1∶4) 1∶5 (1∶6) $(1:1.5\times10^n)$ $1:2\times10^n$ $(1:2.5\times10^n)$ $(1:3\times10^n)$ $(1:4\times10^n)$ $1:5\times10^n$ $(1:6\times10^n)$ $1:1\times10^n$
放大比例	2∶1 (2.5∶1) (4∶1) 5∶1 $1\times10^n:1$ $2\times10^n:1$ $(2.5\times10^n:1)$ $(4\times10^n:1)$ $5\times10^n:1$

注：1. n 为正整数。

2. 括弧内的比例，必要时允许选取。

3. 在同一图样中，各个视图应采用相同的比例。当某个视图需要采用不同比例时，必须另行标注。

4. 当图形中孔的直径或薄片的厚度≤2mm 时，以及斜度或锥度较小时，可不按比例而夸大画出

2. 确定减速器各零件的相互位置（主要视图的草图设计）

这一部分给出了三种典型减速器的草图设计：图 4-1 为二级圆柱齿轮减速器草图初步，图 4-2 为蜗杆减速器草图初步，图 4-3 为锥齿轮减速器草图初步。减速器零件的位置尺寸见表 4-2。

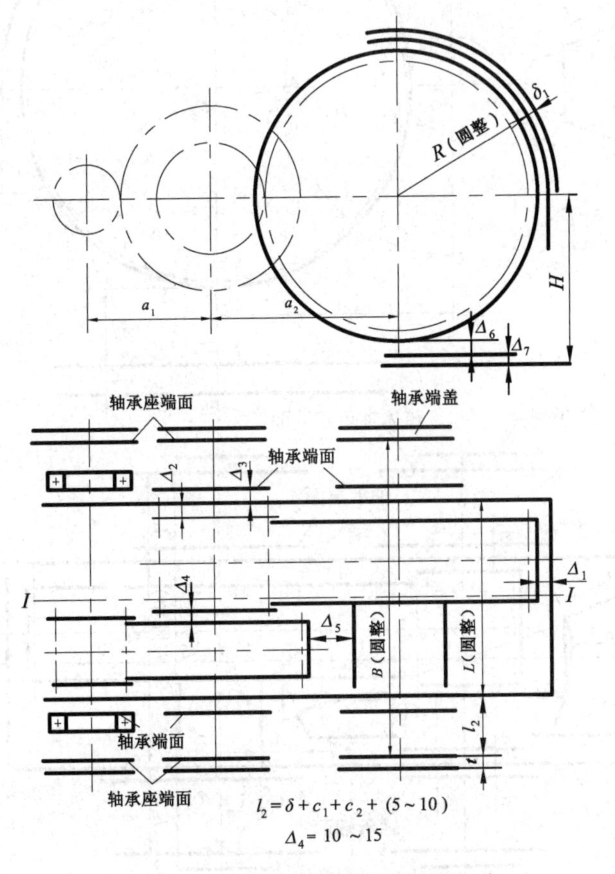

图 4-1 二级圆柱齿轮减速器草图初步

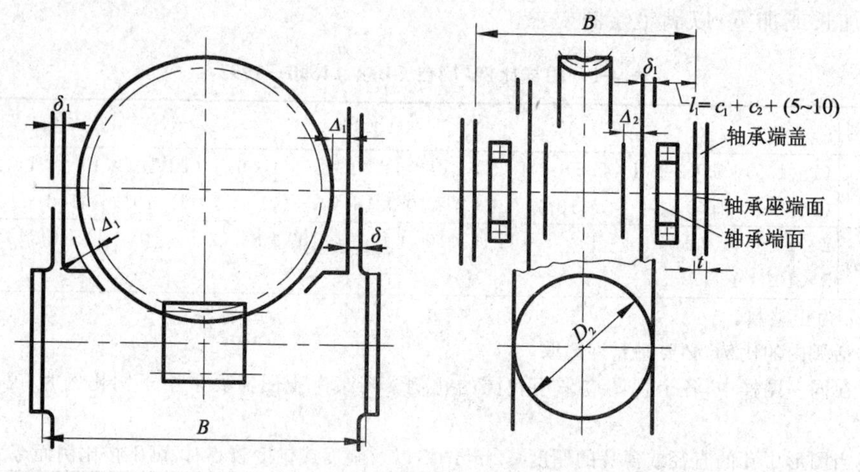

图 4-2　蜗杆减速器草图初步

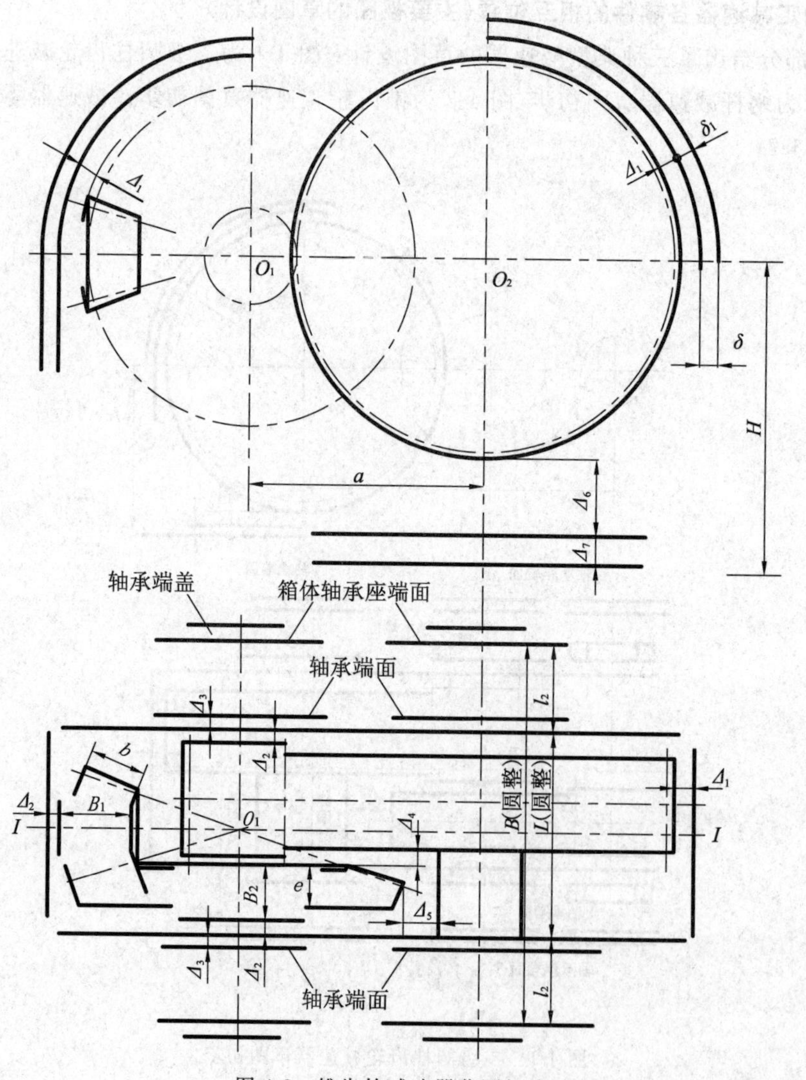

图 4-3　锥齿轮减速器草图初步

绘图顺序如下：

1）确定传动件的轮廓和相对位置

在主、俯视图上画出箱体内传动零件的中心线、对称面、齿顶圆（或蜗轮外圆）、分度圆、齿宽和轮毂长度等轮廓尺寸，其他细部结构暂不画出。为了保证全齿宽啮合并降低安装要求，通常取小齿轮比大齿轮宽 5～10mm。

设计二级齿轮减速器时，为避免发生干涉，应使高速级大齿轮齿顶与低速轴表面及两级齿轮端面之间都有合理的间距，其取值参见表 4-2。

2）确定箱体内壁线

对于圆柱齿轮减速器，应在大齿轮顶圆、齿轮端面至箱体内壁之间留有一定距离 Δ_1 和 Δ_2，以避免由于箱体铸造误差引起的间隙过小，造成齿轮与箱体相碰。Δ_1、Δ_2 取值参见表 4-2。小齿轮顶圆与箱体内壁间的距离，可待完成装配草图阶段由主视图上箱体结构的投影关系确定。

表 4-2　减速器零件的位置尺寸

代号	名　　称	荐用值	代号	名　　称	荐用值
Δ_1	齿轮顶圆至箱体内壁的距离	$\geqslant 1.2\delta$（δ 为箱座壁厚）	Δ_7	箱座底面至箱底内壁（油池底面）的距离	≈ 20
Δ_2	齿轮端面至箱体内壁的距离	$>\delta$（一般取$\geqslant 10$）	H	减速器中心高	$\geqslant R_{a2}+\Delta_6+\Delta_7$
Δ_3	轴承端面至箱体内壁的距离	$\Delta_3=8\sim12$（轴承用脂润滑时） $\Delta_3=3\sim5$（轴承用油润滑时）	l_2	箱体内壁至轴承座孔端面的距离	$=\delta+c_1+c_2+(5\sim10)$
Δ_4	旋转零件间的轴向距离	10～15	t	轴承端盖凸缘厚度	参见端盖的设计
Δ_5	齿轮顶圆至轴表面的距离	$\geqslant 10$	L	箱体内壁轴向距离	圆整
Δ_6	大齿轮齿顶圆至箱底内壁（油池底面）的距离	$>30\sim50$	B	箱体轴承座孔端面间的距离	圆整

减速器箱体内壁至轴承内侧之间的距离为 Δ_3。如轴承采用箱体内润滑油润滑时，Δ_3 值如图 4-4(a)所示；如轴承采用润滑脂润滑时，则需要装挡油环，Δ_3 值如图 4-4(b)所示。在轴承位置确定后，画出轴承轮廓。

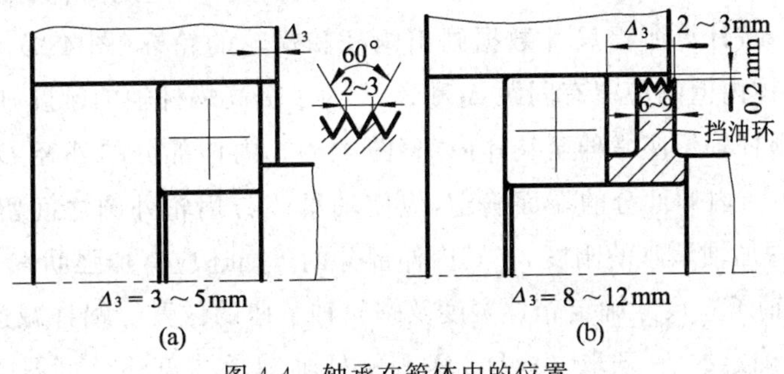

图 4-4　轴承在箱体中的位置

(a) 油润滑；(b) 脂润滑

3）确定箱体轴承座孔端面的位置

箱体内壁至轴承座端面的距离 l_2 值的确定需考虑扳手空间的尺寸 c_1、c_2，如图 4-5 所示，c_1、c_2 值见表 2-1。

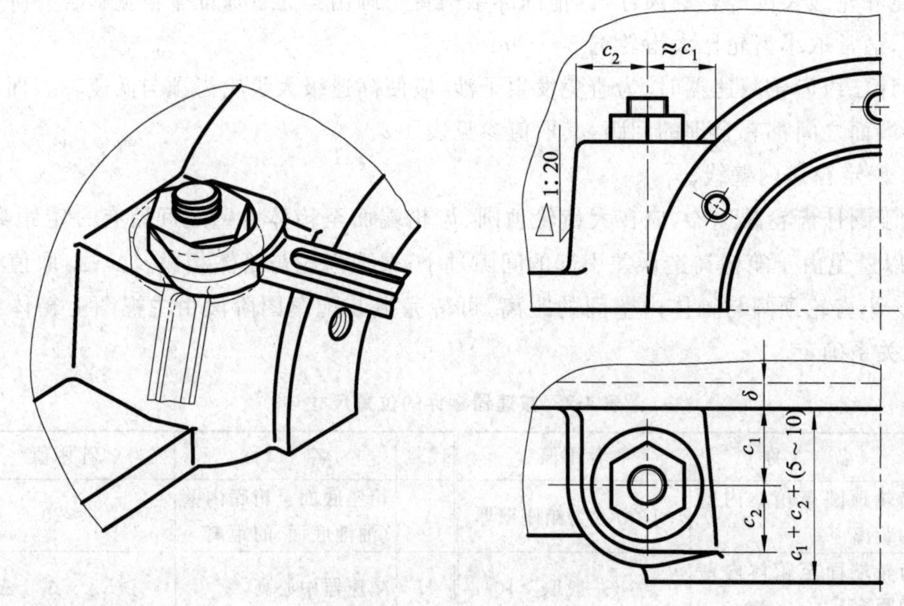

图 4-5 轴承座结构

根据箱体壁厚 δ 和表 2-1 确定的轴承旁连接螺栓的扳手空间尺寸 c_1、c_2，按表 4-2 初步确定轴承座孔的长度 l_2，可画出轴承座孔的外端面线。

4）蜗杆减速器（图 4-2）装配草图的绘制

蜗杆减速器装配图的设计与圆柱齿轮减速器基本相同。以下置式蜗杆减速器为例，阐述蜗杆减速器装配图设计的特点。

蜗杆与蜗轮的轴线呈空间交错，因此，绘制装配图需在主视图和侧视图上同时进行。蜗杆减速器设计时，应仔细阅读圆柱齿轮减速器装配图设计的内容。蜗杆减速器通常采用沿蜗轮轴线平面剖分的箱体结构，以便于蜗轮轴系的安装和调试。箱体的结构尺寸可参考图 4-2 和表 4-2。

（1）按蜗轮外圆确定箱体内壁和蜗杆轴承座的位置。在主视图、侧视图上画出蜗杆、蜗轮的中心线后，按计算所得尺寸数据画出蜗杆和蜗轮的轮廓（图 4-2）。蜗轮外圆和蜗轮轮毂端面与箱体内壁间应留有间距 Δ_1 和 Δ_2。为了提高蜗杆轴的刚度，应尽量缩小其支点距离。为此，蜗杆轴承座常伸至箱体内部（图 4-6）。内伸部分的外径 D_1 近似等于凸缘式轴承盖外径 D_2。内伸部分的端面确定，应使轴承座与蜗轮外圆之间留有一定距离 Δ_1（表 4-2）。为了增加轴承座的刚度，在其内伸部分的下面还应有加强肋。

（2）按蜗杆轴承座尺寸确定箱体宽度及蜗轮轴承座的位置。蜗杆减速器箱体宽度是在侧视图上绘图确定的，一般取 $f\approx D_2$（D_2 为蜗杆轴轴承端盖外径，（图 4-7（a）））。有时为了缩小蜗杆轴的支点距离和提高刚度，可使 f_1 略小于 D_2（图 4-7（b））。图中 p 为蜗轮轴的支点距离。

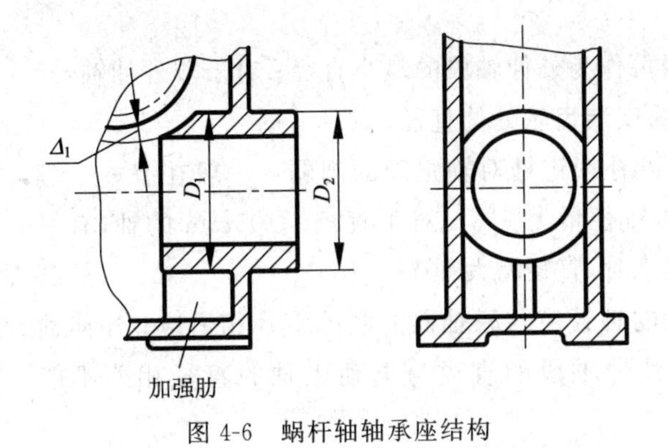

图 4-6　蜗杆轴轴承座结构

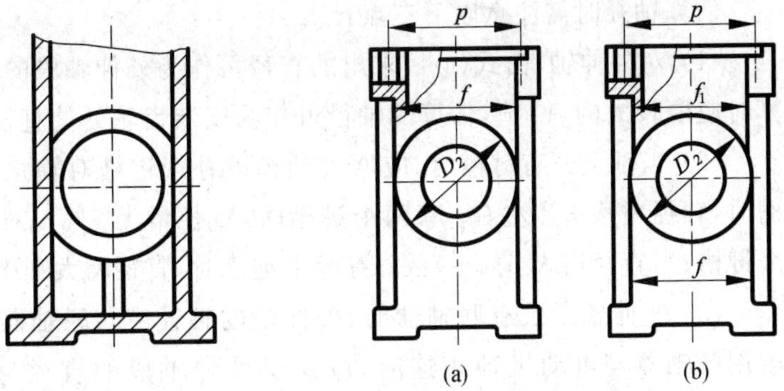

(a)　(b)

图 4-7　蜗杆减速器箱体宽度

(a) 箱体结构Ⅰ；(b) 箱体结构Ⅱ

5) 锥齿轮减速器装配草图(图 4-3)的绘制

锥齿轮减速器装配图设计的内容和步骤，与圆柱齿轮减速器大致相同。

在相应视图上，画出传动件的中心线，并根据计算所得几何尺寸数据画出锥齿轮的轮廓，需要初估大锥齿轮的轮毂宽度。

3. 轴的结构设计

轴的结构设计包括确定轴的合理外形和全部结构尺寸。

轴的结构应满足：轴和轴上零件要有准确的工作位置；轴上零件应便于装拆和调整；轴应具有良好的制造工艺性等。通常把轴做成阶梯形（图 4-8）。

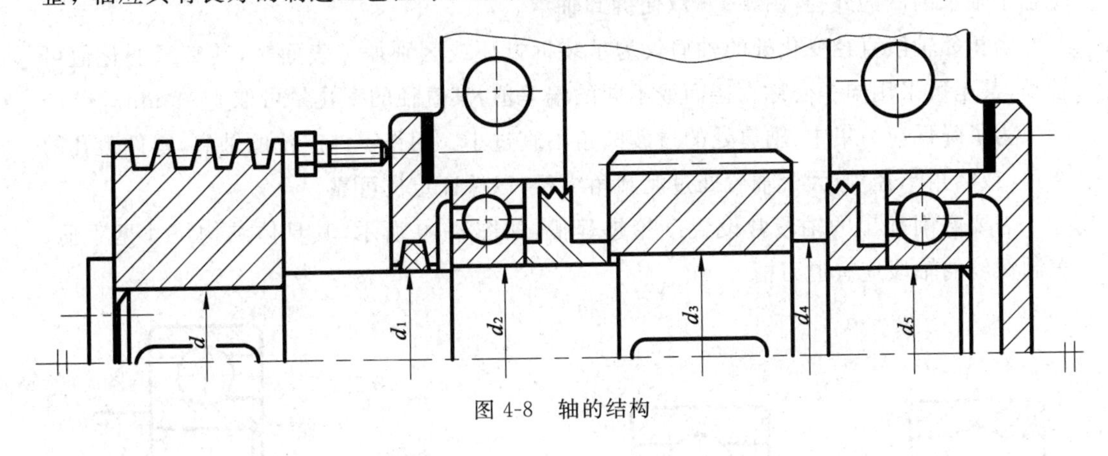

图 4-8　轴的结构

1) 初步计算轴径

画出传动零件和箱体的轮廓图后，由于轴的支反力作用点尚属未知，不能确定轴上所受弯矩的大小和分布情况，因而尚不能按轴所受的实际载荷确定直径。通常先根据轴所传递的转矩，按扭转强度来初步计算轴的直径，即

$$d \geqslant A_0 \sqrt[3]{\frac{P}{n}} \quad (\text{mm}) \tag{4-1}$$

式中：P 为轴所传递的功率(kW)；n 为轴的转速(r/min)；A_0 为由材料的许用扭转应力

所确定的系数，其值参见文献[5]。

估算轴径时需注意以下三点：

(1) 对外伸轴，由式(4-1)求出的直径可作为外伸轴段的最小直径；对于非外伸轴，计算时应取较大的 A_0 值，估算的轴径可作为安装齿轮处的直径。

(2) 当轴上开有键槽时，应增大轴径以补偿键槽对轴强度的削弱。一般在有一个键槽时，轴径增大 3%左右；有两个键槽时，直径增大 7%。对于直径≤100mm 的轴，有一个键槽时，直径增大 5%～7%；有两个键槽时，直径增大 10%～15%。

(3) 外伸轴段装有联轴器时，外伸段的轴径应与联轴器的毂孔直径相适应；外伸轴段用联轴器与电动机轴相连时，应注意外伸轴段的直径与电动机轴的直径相差不能太大。

轴的结构设计，是以上述初步计算轴径为基础的。

2）确定轴的各段直径

轴上装有齿轮、带轮的直径应取为标准值。而装有联轴器、密封元件和滚动轴承处的直径，则应与联轴器、密封元件和轴承的内孔径尺寸一致。轴承型号和具体尺寸可根据轴的直径初步选出，一般同一根轴上取同一型号的轴承，使轴承孔可一次镗出，保证加工精度。

相邻轴段的直径不同即形成轴肩。当轴肩用于固定轴上零件或承受轴向力时，其直径变化值要大些。一般的定位轴肩，当配合处轴的直径 < 80mm 时，轴肩处的直径差可取 6～10mm。当用定位轴肩固定滚动轴承时，轴肩高度可查手册，且轴肩或套筒直径 D_1 应小于轴承内圈的外径(图 4-9)，以便拆卸轴承。

当相邻轴段直径变化处的轴肩仅为了装拆方便或区别加工表面时，其直径变化值可较小，甚至可采用同一公称直径而取不同的偏差值，其直径的变化量可取 1～5mm。

为了降低应力集中，轴肩处的过渡圆角不宜过小。用作零件定位的轴肩，零件毂孔的倒角(或圆角半径)应大于轴肩处过渡圆角半径，以保证定位可靠。

需要磨削加工的轴段常设置砂轮越程槽，如图 4-10 所示，其具体结构尺寸见手册；车制螺纹的轴段应有退刀槽。

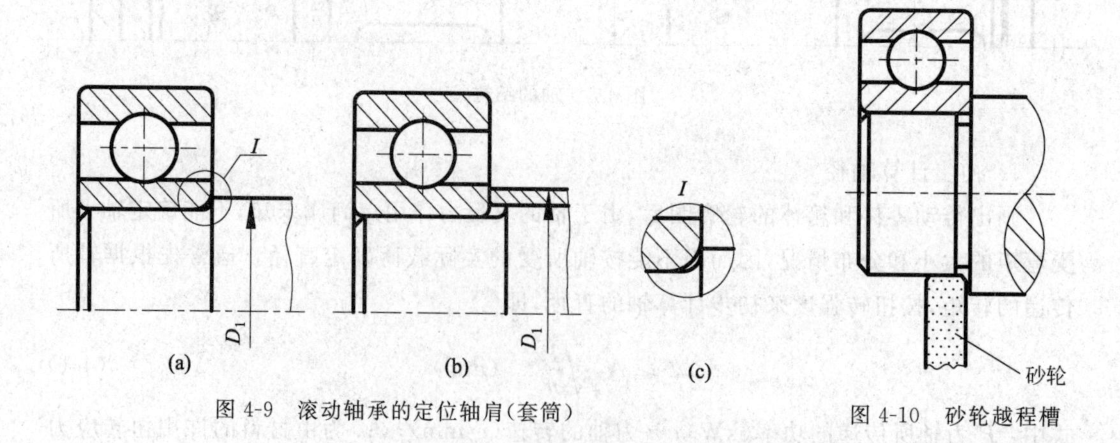

图 4-9　滚动轴承的定位轴肩(套筒)

图 4-10　砂轮越程槽

应注意，直径相近的轴段，其过渡圆角、越程槽、退刀槽等尺寸应一致，以便加工。

3）确定轴的各段长度

各轴段的长度主要取决于轴上零件（传动件、轴承）的宽度及相关零件（箱体轴承座、轴承端盖）的轴向位置和结构尺寸。

对于安装齿轮、带轮、联轴器的轴段，当这些零件靠其他零件（如套筒、轴端挡圈等）顶住来实现轴向固定时，该轴段的长度应略短于相配零件的宽度，以保证固定可靠。

安装滚动轴承处轴段的轴向尺寸由轴承的位置和宽度来确定。

根据以上对轴的各段直径的尺寸设计和已选的轴承类型，可初选轴承型号，查出轴承宽度和轴承外径等尺寸。轴承内侧端面的位置（轴承端面至箱体内壁的距离 Δ_3）可按表 4-2 查。应注意：轴承在轴承座中的位置与轴承的润滑方式有关。轴承采用脂润滑时，常需在轴承旁设置挡油环（图 4-4(b)）；采用油润滑时，轴承应尽量靠近箱体内壁，可只留出少许距离（图 4-4(a)）。

确定了轴承位置和已知轴承的尺寸后，即可在轴承座孔内画出轴承的图形。

轴的外伸段长度取决于外伸轴段上安装的外接零件尺寸和轴承端盖结构。

当外伸轴装有外接零件，如弹性套柱销联轴器时，应留有装拆弹性套柱销的必要尺寸 A，如图 4-11(a)所示。

采用不同的轴承端盖结构时，箱体宽度不同，轴的外伸长度 L 也不同。若采用凸缘式轴承端盖，如图 4-11(b)所示，应考虑装拆轴承端盖螺钉所需的距离 L，以便在不拆卸外接零件（如联轴器）的情况下，可以装拆减速器箱盖。如果外接零件的轮毂不影响螺钉的拆卸，如图 4-11(c)所示，或采用嵌入式端盖，则 L 可取小些。因此，箱外零件离轴承端盖不可过近，相应的轴向尺寸 L 也不可过小。对于中小型减速器，一般 $L\geqslant$ 15～20mm。

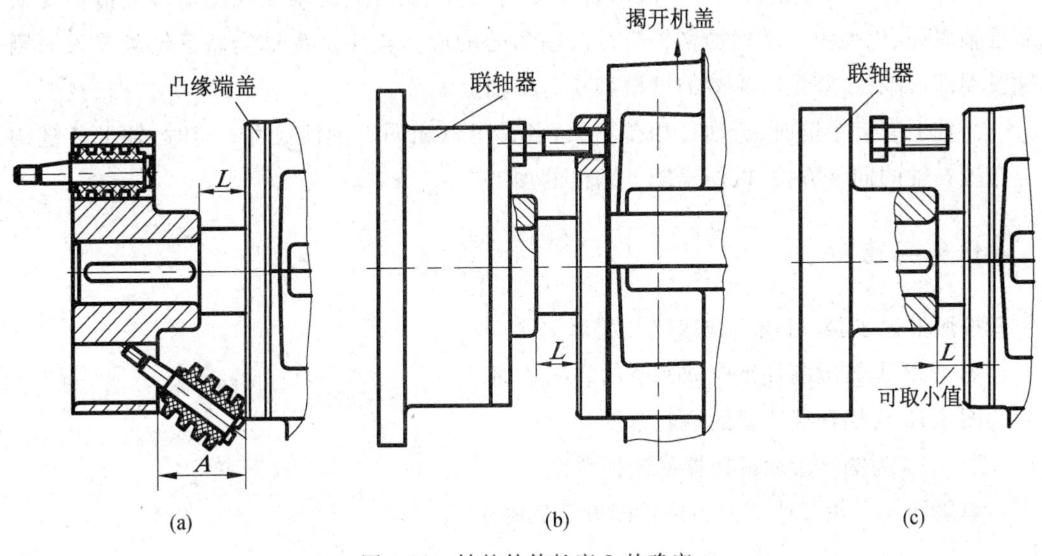

图 4-11　轴的外伸长度 L 的确定

除画出轴承端盖外形外，还要完整地画出轴承端盖的结构尺寸。

4）蜗杆轴系设计特点

设计蜗杆轴时，当该轴较短（支点距离小于300mm）、温度不是很高时，可用两个支点固定的结构；当蜗杆轴较长、温升较大时，轴热膨胀伸长量较大，如采用两端固定结构，则轴承将承受较大的附加轴向力，使轴承运转不灵活，甚至轴承卡死压坏。这时常用一端固定一端游动的支点结构，固定端一般选在非外伸端并常用套杯结构，以便固定轴承。为便于加工，两个轴承座孔常取同样的直径，为此，游动端也可以用套杯结构或选取轴承外径与座孔相同的轴承。当角接触球轴承作为固定端时，必须在两轴承之间加一套圈，以避免外圈接触。

设计时应使蜗杆轴承座孔直径相同且大于蜗杆外径，以便于箱体上轴承座孔的加工和蜗杆装入。

选择蜗杆轴承时应注意，因蜗杆轴承承受的轴向载荷较大，故一般选用圆锥滚子轴承或角接触球轴承。当轴向力很大时，可考虑选用双向推力球轴承承受轴向力。

5）圆锥齿轮轴系设计特点

圆锥齿轮的高速轴多做成悬臂结构，为保证刚度，轴承支点距离不宜太小，并尽量减小悬臂端长度。

为保证锥齿轮传动的啮合精度，装配时需要调整大小锥齿轮的轴向位置，使两轮锥顶重合。因此，小锥齿轮轴和轴承通常放在套杯内，用套杯凸缘内端面与轴承座外端面之间的一组垫片调整小锥齿轮的轴向位置。

按上述方法，即可设计轴的结构，确定阶梯轴各段直径和长度。

6）轴上键槽的尺寸和位置

平键的剖面尺寸根据相应轴段的直径确定，键的长度应比轴段长度短。键槽不要太靠近轴肩处，以免由于键槽加剧轴肩过渡圆角处的应力集中。键槽应靠近轮毂装入一侧轴段端部，以利于装配时轮毂的键槽容易对准轴上的键。

当轴上有多个键时，若轴径相差不大，各键可取相同的剖面尺寸；同时，轴上各键槽应布置在轴的同一方位，以便于轴上键槽的加工。

任务实施

按照上述步骤，可绘出减速器装配草图。

图4-12为二级圆柱齿轮减速器的装配草图。

图4-13为蜗杆减速器的装配草图。

图4-14为圆锥齿轮减速器的装配草图。

单级圆柱齿轮减速器的装配草图设计见附录。

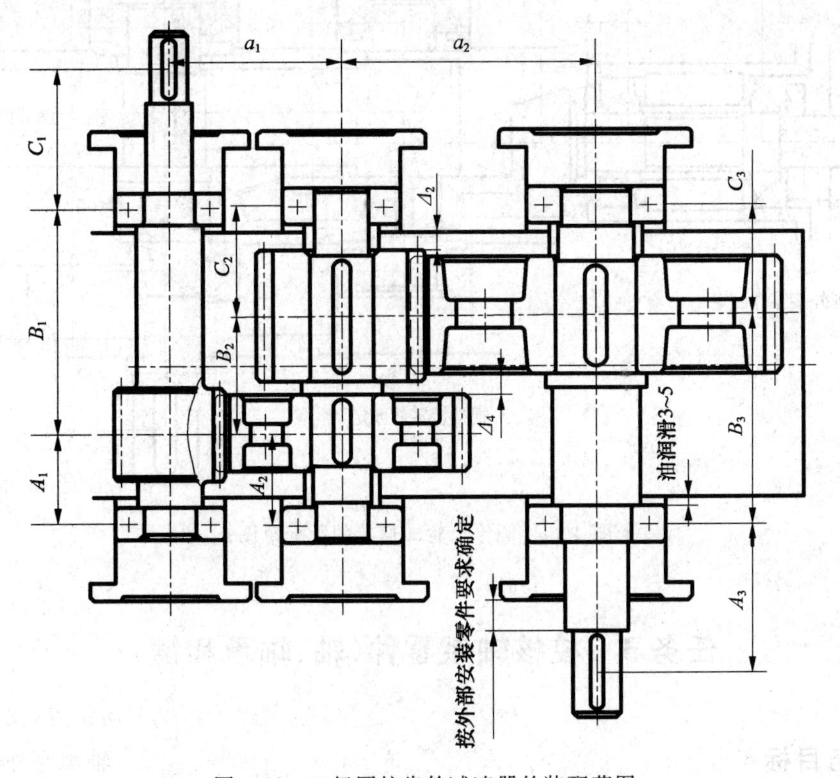

图 4-12　二级圆柱齿轮减速器的装配草图

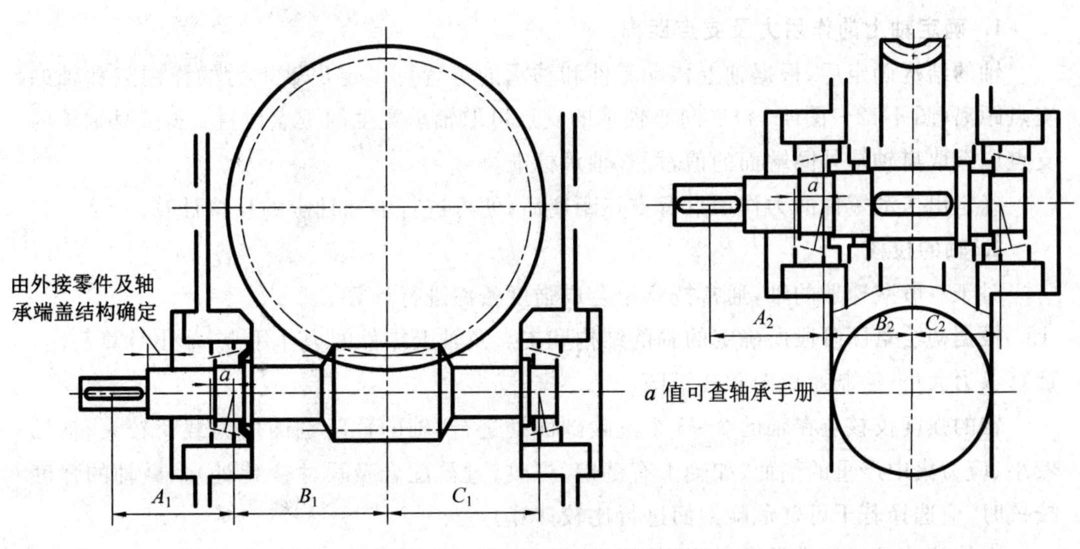

图 4-13　蜗杆减速器的装配草图

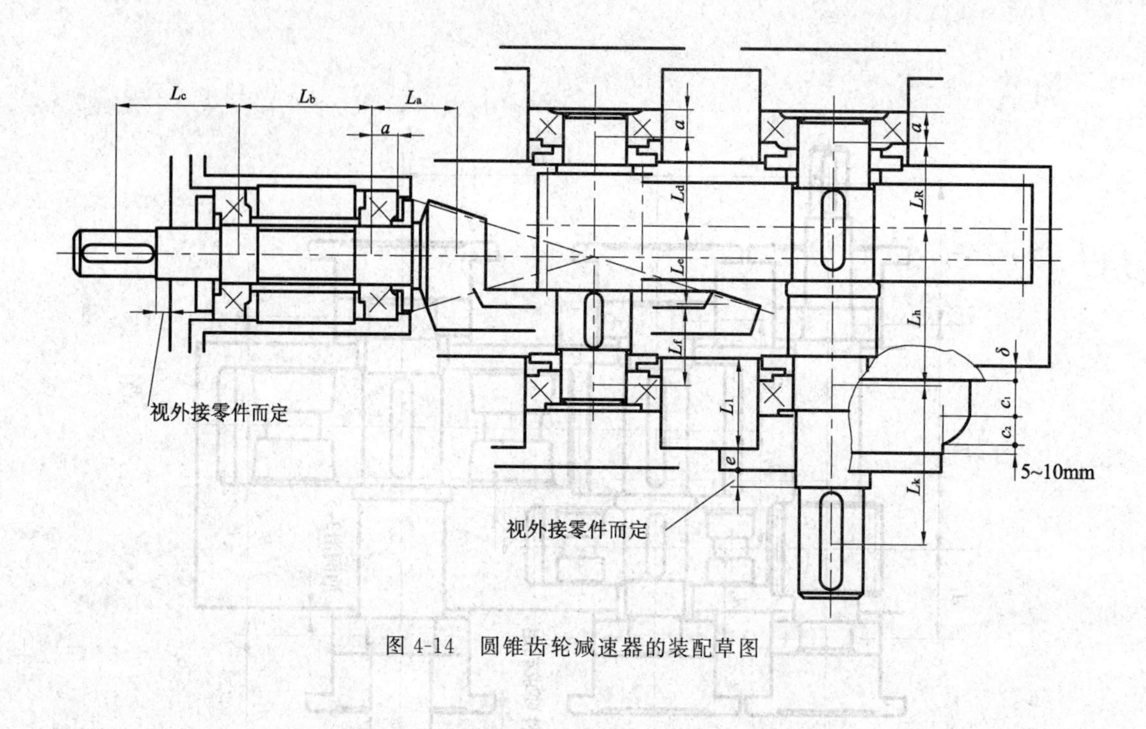

图 4-14　圆锥齿轮减速器的装配草图

任务3　校核轴系零件(轴、轴承和键)

任务目标

校核轴系零件：确定轴上的作用力及支点距离，进行轴、轴承和键的校核。

任务分析

1. 确定轴上的作用力及支点距离

轴的结构确定后，根据轴上传动零件和轴承的位置可以定出轴上力的作用点和轴的支点距离(图 4-12～图 4-14)。向心轴承的支点可取轴承宽度的中点位置；角接触轴承的支点应该取离轴承外圈端面的值，可查轴承标准。

确定出传动零件的力作用点及支点距离后，便可进行轴和轴承的校核计算。

2. 轴的校核

对于一般减速器的轴，通常按弯扭合成强度条件进行计算。

根据初绘草图阶段所确定的轴的结构和支点及轴上零件的力作用点，作出计算简图，计算各力大小，绘制弯矩图和转矩图。

轴的强度校核应在轴的2～3个危险剖面处进行，轴的危险剖面应为载荷较大、轴径较小、应力集中严重的剖面(如轴上有键槽、螺纹、过盈配合及尺寸变化处)。做轴的强度校核时，应选择若干可疑危险剖面进行比较计算。

当校核结果不能满足强度要求时，应对轴的设计进行修改，可通过增大轴的直径、修改轴的结构、改变轴的材料等方法提高轴的强度。

当轴的强度有富余时，如与使用要求相差不大，一般以结构设计时确定的尺寸为准，不再修改；或待轴承和键验算完后综合考虑整体结构，再决定是否修改。

对于受变应力作用的较重要的轴，除做上述强度校核外，还应按疲劳强度条件进行精确校核，确定在变应力条件下轴的安全裕度。

蜗杆轴的变形对蜗杆蜗轮副的啮合精度影响较大，因此，对跨距较大的蜗杆轴除做强度校核外，还应做刚度校核。

3. 轴承的校核

轴承的寿命一般按减速器的工作寿命或检修期（2～3 年）确定。当按后者确定时，需定期更换轴承。

通用齿轮减速器的工作寿命一般为 36000h，其轴承的最低寿命为 10000h；蜗杆减速器的工作寿命为 20000h，其轴承的最低寿命为 5000h。可供设计时参考。

经验算轴承寿命不符合要求时，一般不要轻易改变轴承的内圈直径，可通过改变轴承类型或直径系列，提高轴承的基本额定动载荷，使之符合要求。

4. 键连接的强度校核

对于采用常用材料并按标准选取尺寸的平键连接主要校核其挤压强度。

校核计算时应取键的工作长度为计算长度，许用挤压应力应选取键、轴、轮毂中材料强度较弱的，一般是轮毂的材料强度较弱。

当键的强度不满足要求时，可采取改变键的长度、使用双键、加大轴径以选用较大剖面的键等途径来满足强度要求，也可采用花键连接。

当采用双键时，两键应对称布置。考虑载荷分布的不均匀性，双键连接的强度按 1.5 个键计算。

对于蜗杆减速器，根据轴的初估直径和所确定的箱体轴承座位置，进行蜗杆轴和蜗轮轴的结构设计，确定轴的各部分尺寸、初选轴承型号、确定轴上力的作用点和支承点。然后进行轴、轴承、键连接的校核计算。对于连续工作的蜗杆减速器，需在箱体尺寸确定后进行热平衡计算。

对上述各项校核计算完毕，并对初绘草图做必要修改后，进入完成装配草图设计阶段。

任务 4　完成装配草图设计

任务目标

减速器的轴系部件结构细化设计：传动零件的结构设计；滚动轴承的细部结构设计；轴承端盖的结构设计；轴承的润滑与密封；挡油环（盘）、轴套、轴端挡圈等的结构设计。

任务分析

以初绘草图阶段所确定的设计方案为基础，对轴系部件（包括箱内传动零件、轴及其他零件和与轴承组合有关的零件）进行结构设计。设计步骤大致如下：

1. 传动零件的结构设计

1）齿轮的结构

齿轮的结构形式与其几何尺寸、毛坯、材料、加工方法、使用要求等因素有关。通常先按齿轮直径选择适宜的结构形式，然后根据推荐的经验公式和数据进行结构设计。

按毛坯的不同，齿轮结构可分为锻造齿轮、铸造齿轮等类型。

（1）锻造齿轮。

由于锻造后钢材的力学性能好，所以，对于齿顶圆直径 $d_a \leqslant 500$mm 的齿轮通常采用锻造齿轮。根据齿轮尺寸大小的不同，可有以下三种结构形式：

① 齿轮轴。对于钢制齿轮，当齿根圆直径与轴径相近时，为避免键槽处轮毂过于薄弱而失效，应将齿轮与轴制成一体，称为齿轮轴。对于直径稍大的小齿轮，应尽量把齿轮与轴分开，以便于齿轮的制造和装配。

② 实心式齿轮。当齿顶圆直径 $d_a \leqslant 160$mm 时，可采用实心式齿轮。

③ 腹板式齿轮。当齿顶圆直径 $d_a \leqslant 500$mm 时，为了减小质量，节约材料，常采用腹板式。

（2）铸造齿轮。

由于锻造设备的限制，通常齿顶圆直径 $d_a > 500$mm 的齿轮采用铸造结构，设计时要考虑铸造工艺性，如断面变化的要求，以降低应力集中或铸造缺陷。

齿轮轮毂的宽度与轴的直径有关，可大于或等于轮缘宽度，一般常等于轮缘宽度。

2）蜗杆的结构

一般蜗杆与轴制成一体，称为蜗杆轴。蜗杆分车制蜗杆和铣制蜗杆。仅在 $d_f/d \geqslant 1.7$ 时，才将蜗杆齿圈与轴分开制造。

3）蜗轮的结构

常用蜗轮结构有整体式和组合式。

整体式适用于铸铁蜗轮和直径小于 100mm 的青铜蜗轮。

当蜗轮直径较大时，为节约有色金属，多数蜗轮采用组合式结构。可采用轮毂式、螺栓连接式和拼铸式等组合结构。

轮毂式是将青铜轮缘压装在铸铁轮芯上，再进行齿圈的加工。为了防止轮缘松动，可在配合面圆周上加台肩和紧定螺钉，螺钉为 4～6 个。

螺栓连接式在大直径蜗轮上应用较多。轮缘与轮芯配装后，用普通螺栓或铰制孔用螺栓连接。这种形式装拆方便，磨损后易更换齿圈。

拼铸式适用于大批量生产。将青铜轮缘拼铸在铸铁轮芯上，并在轮芯上预制出槽，以防轮缘在工作时滑动。

2. 滚动轴承的细部结构

各类轴承的简化画法见相关机械设计手册。

3. 轴承端盖的结构

轴承端盖用以固定轴承、调整轴承间隙及承受轴向载荷，有嵌入式和凸缘式两种。

嵌入式轴承端盖（图 4-15）结构简单，为增强其密封性能，常与 O 形密封圈配合使用，如图 4-15(b)所示。由于调整轴承间隙时，需打开箱盖，放置调整垫片，比较麻烦，故多放于不调间隙的轴承处。如用其固定圆锥滚子轴承或角接触轴承时，可采用图 4-15(c)所示的结构，用调整螺钉调整轴承间隙。

凸缘式轴承端盖(图 4-16、图 4-17)调整轴承间隙比较方便，密封性能好，应用较多。

凸缘式轴承端盖多用铸铁铸造，应使其具有良好的铸造工艺性。对穿通式轴承端盖(透盖)，由于安装密封件要求轴承端盖与轴配合处有较大厚度，设计时应使其厚度均匀，如图 4-16 所示的结构。

当轴承端盖的宽度 L 较大时，为减少加工量，可采用图 4-17(b)的结构，在端部加工出一段较小的直径 D'，但必须保留有足够的长度 $l(l=0.15D)$。图中端面凹进 δ 值，也是为了减少加工面。

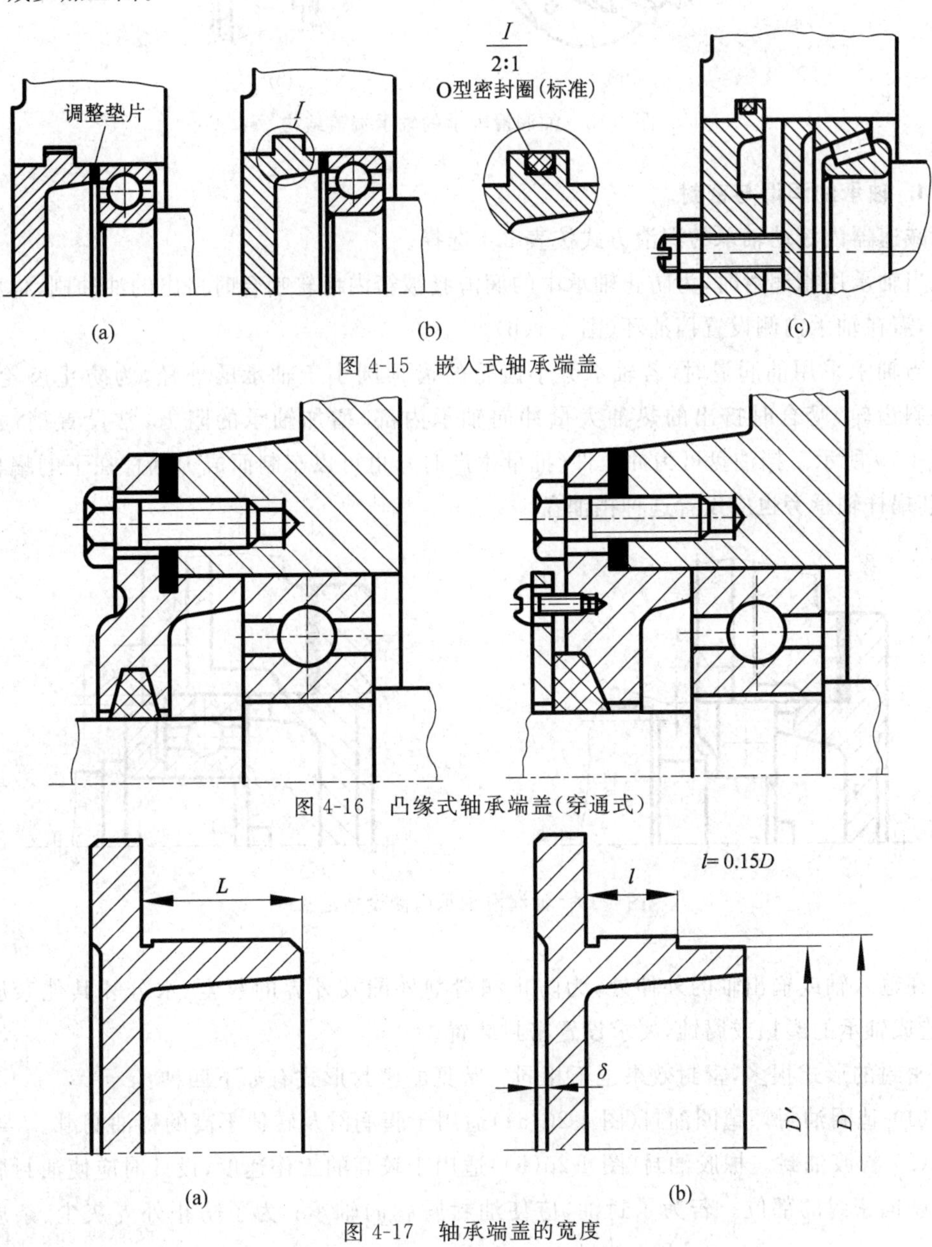

图 4-15　嵌入式轴承端盖

图 4-16　凸缘式轴承端盖(穿通式)

图 4-17　轴承端盖的宽度

当轴承采用箱体内的润滑油润滑时，为了将传动件飞溅的油经箱体剖分面上的油沟引入轴承，应在轴承端盖上开槽，并将轴承端盖的端部直径做小些，以保证油路畅通(图 4-18)。

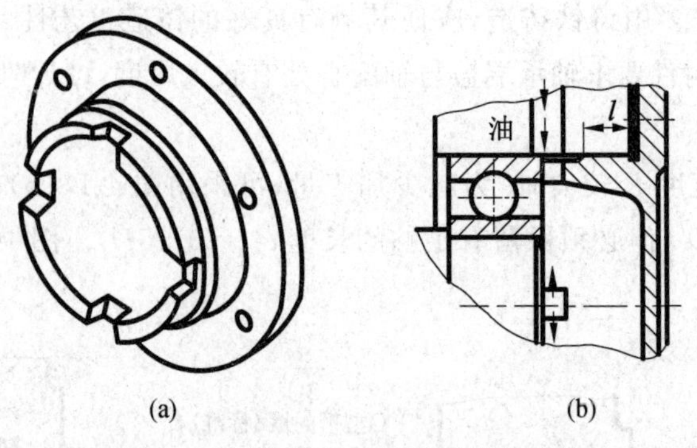

图 4-18　油润滑轴承的轴承端盖结构

4. 轴承的润滑与密封

减速器内滚动轴承的润滑方式按表 2-4 选择。

当轴承用脂润滑时，为防止轴承中的润滑脂被箱内齿轮啮合时挤出的油冲刷、稀释而流失，需在轴承内侧设置挡油环(图 4-4(b))。

当轴承采用油润滑时，若轴承旁小齿轮的齿顶圆小于轴承的外径，为防止齿轮(特别是斜齿轮)啮合时挤出的热油大量冲向轴承内部，增加轴承的阻力，常设置挡油盘，如图 4-19 所示。挡油盘可为冲压件(批量生产时)，也可以车制而成。蜗杆在下的蜗杆传动，其蜗杆轴承旁也应设置这种挡油盘。

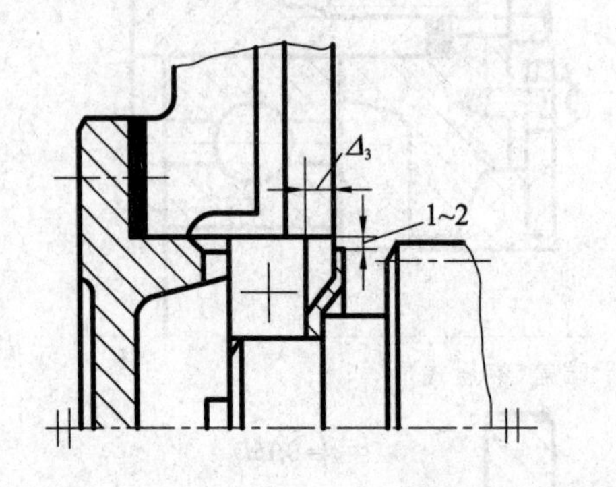

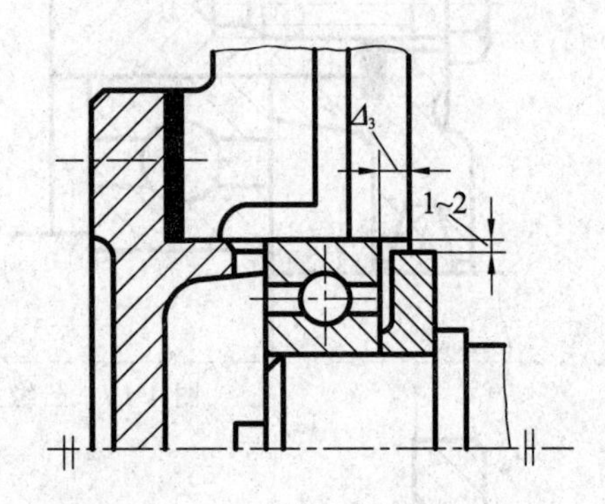

图 4-19　油润滑轴承内侧设挡油盘

在输入轴或输出轴的外伸处，为防止润滑剂外漏及外界的灰尘、水分和其他杂质渗入，造成轴承的磨损或腐蚀，要求设置密封装置。

密封的形式很多，密封效果也不相同。常见的密封形式有如下四种：

(1) 毡圈油封。毡圈油封(图 4-20(a))适用于脂润滑及转速不高的稀油润滑。

(2) 橡胶油封。橡胶油封(图 4-20(b))适用于较高的工作速度，设计时应使油封唇的方向朝向密封的部位。若为了封油，应使油封唇朝向轴承；为了防止外界灰尘、杂质进入，应使油封唇背向轴承；若两种作用均有要求，则应使用两个橡胶油封并反向安装。

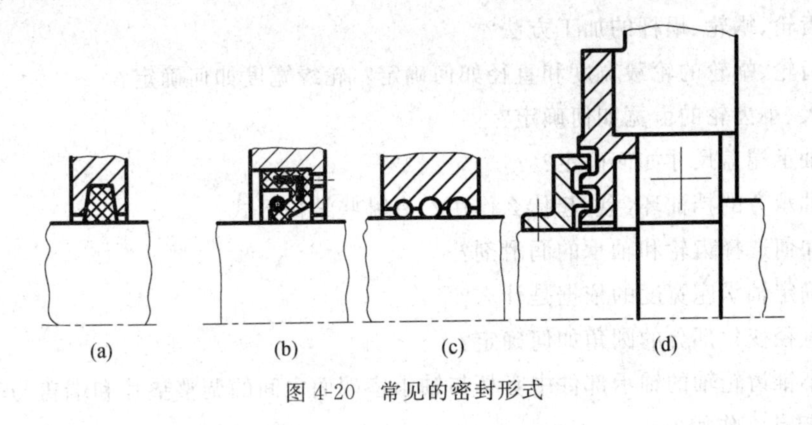

图 4-20　常见的密封形式

橡胶油封按有无内包骨架分为两种：对有内包骨架的油封(图 4-20(b))，与孔配合安装，不需要轴向固定；对无内包骨架的油封，需要有轴向固定。

轴颈与橡胶油封接触处应精车或磨光，最好经过表面硬化处理，以增强耐磨性。

(3) 油沟密封。当使用油沟密封(图 4-20(c))时应用润滑脂填满油沟间隙，以加强密封效果。其密封性能取决于间隙的大小，间隙越小越好。开有回油槽的结构，有利于提高密封能力。这种密封件结构简单，但密封不够可靠，仅适用于脂润滑及工作环境清洁的轴承。

(4) 迷宫密封。迷宫密封(图 4-20(d))效果好，对油润滑及脂润滑都适用。在较脏和潮湿的环境中密封可靠。若与接触式密封件配合使用，效果更佳。

5. 挡油环(盘)、轴套、轴端挡圈等的细部结构

挡油环(盘)的各部尺寸按图册中的荐用值确定。

轴套结构简单，通常可根据实际结构自行设计。

思　考　题

1. 减速器装配图设计之前应确定哪些参数和结构？

2. 减速器装配草图设计时，箱体内的传动零件距离箱体内壁的距离如何确定？

3. 设计装配草图时，轴的各段直径和长度如何确定？确定轴的外伸长度时要考虑哪些内容？

4. 轴承在箱体轴承座中的位置如何确定？

5. 箱体剖分面连接凸缘的宽度如何确定？

6. 嵌入式轴承端盖和凸缘式轴承端盖各有何特点？

7. 蜗杆减速器装配草图设计时，蜗杆轴的轴承座位置和蜗轮轴的轴承座位置如何确定？

8. 齿轮有哪些结构形式？锻造齿轮和铸造齿轮在结构上有何区别？

9. 齿轮轴需满足什么条件？

10. 齿轮、蜗轮的常用材料？

11. 齿轮、蜗轮、蜗杆的加工方法？

12. 齿轮、蜗轮的轮毂宽度和直径如何确定？轮缘宽度如何确定？

13. 大、小齿轮的齿宽如何确定？

14. 轴承端盖尺寸如何确定？

15. 轴承旁的挡油环(盘)起什么作用？有哪些结构形式？

16. 如何选择齿轮和轴承的润滑剂？

17. 确定轴承座宽度的依据是什么？

18. 直径变化部分的圆角如何确定？

19. 小锥齿轮轴的轴承部件中套杯与轴承座端面之间的调整垫片和端盖与套杯之间的垫片各起什么作用？

20. 在什么情况下，蜗杆轴承采用一端固定、一端游动？

21. 密封装置的作用是什么？有哪些结构形式？

模块五　减速器装配图设计

装配图是在装配草图的基础上绘制的，在设计时要综合考虑装配草图中各零件的材料、强度、刚度、加工、装拆、调整和润滑等要求，修改其错误或不尽合理之处，保证装配图的设计质量。

绘制装配图前应根据装配草图确定图纸幅面、图形比例，综合考虑装配图的各项设计内容，合理布置图面。

减速器装配图选用两个或三个视图，必要时加辅助剖面、剖视或局部视图。在完整、准确地表达产品零部件的结构形状、尺寸和各部分相互关系的前提下，视图数量应尽量减少。

在完成装配图时，应尽量将减速器的工作原理和主要装配关系集中表达在一个基本视图上。对于齿轮减速器，尽量集中在俯视图上；对于蜗杆减速器，则可以在主视图上。

画剖视图时，同一零件在各剖视图中的剖面线方向应一致；相邻的不同零件，其剖面线方向或间距应不同，以示区别。对于薄的零件（<2mm），其剖面可以涂黑。

装配图上某些结构可以采用机械制图标准中规定的简化画法，如螺栓、螺母、滚动轴承等。对于相同类型、尺寸、规格的螺栓连接可以只画一个，其余用中心线表示。

装配图绘制好后，先不加深，待零件工作图设计完成后，修改装配图中某些不合理的结构或尺寸，然后加深完成装配图设计。

如果要求计算机绘制装配图，则应熟悉绘图软件后进入装配图的绘制。

任务1　减速器箱体的设计

任务目标

齿轮（蜗杆）减速器箱体的设计。

任务分析

减速器箱体是支承和固定轴系部件、保证传动零件正常啮合及良好润滑和密封的基础零件，其质量占减速器总质量的30%～50%。因此，设计箱体结构时应综合考虑传动质量、加工工艺及成本。

1. 轴承座的结构设计

为保证减速器箱体的支承刚度，箱体轴承座处应有足够的厚度，并设置加强肋。

箱体的加强肋有外肋和内肋两种结构形式。内肋结构刚度大，箱体外表面光滑、美观，虽然内肋会阻碍润滑油流动，增加搅油损耗，制造工艺也比较复杂，但目前采用内肋结构逐渐增多。当轴承座伸到箱体内部时，常用内肋(参见图 4-6)。外肋结构或凸壁式箱体结构应用较多，以增加散热面积。

对于锥齿轮减速器，应增加支承小锥齿轮的悬臂部分的壁厚，并应尽量缩短悬臂部分的长度。

对于蜗杆减速器，常在轴承座箱体内伸部分的下面设置加强肋(图 4-6)。

2. 轴承旁连接螺栓凸台的结构设计

为了提高剖分式箱体轴承座孔处的连接刚度，应使轴承座孔两侧的连接螺栓尽量靠近轴承，但应避免与箱体上固定轴承端盖的螺纹孔及箱体剖分面上的油沟发生干涉。

为提高连接刚度，在轴承座旁连接螺栓处应做出凸台，凸台的螺栓孔间距 $S \approx D_2$ (D_2 为轴承端盖外径)。如图 5-1 所示，由于 $S_2 > S_1$，图 5-1(a)轴承座刚度大，图 5-1(b)轴承座刚度小。

螺栓凸台的高度 h 由连接螺栓直径所确定的扳手空间尺寸 c_1 和 c_2 确定(图 5-1(a))。由于减速器上各轴承端盖的外径不等，为便于制造，各凸台高度应设计一致，并以最大轴承端盖外径 D_2 所确定的高度为准。

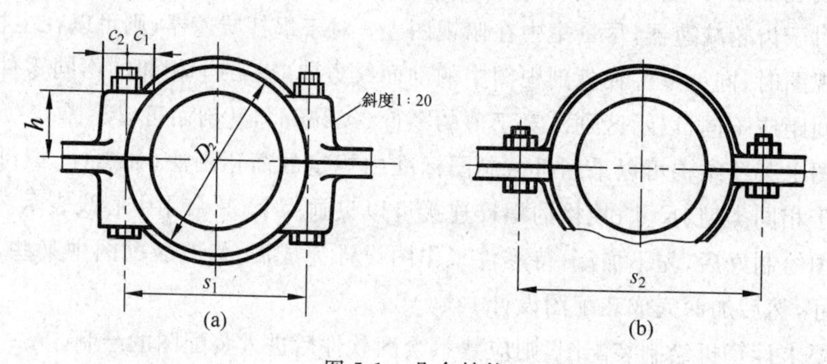

图 5-1 凸台结构

(a) 轴承座刚度大；(b) 轴承座刚度小

凸台的尺寸由作图确定，画凸台结构时应按投影关系，在三个视图上同时进行，如图 5-2 所示。

3. 箱盖圆弧半径的确定

箱盖顶部在主视图上的外廓由圆弧和直线组成，大齿轮所在一侧的箱盖外表面圆弧半径 $R=(d_{a2}/2)+\Delta_1+\delta_1$，$d_{a2}$ 为大齿轮齿顶圆直径，δ_1 为箱盖壁厚。而小齿轮一侧的外表面圆弧半径应根据结构作图确定。轴承旁螺栓凸台一般在箱盖圆弧内侧，即 $R>R'$，如图 5-2 所示，按有关尺寸画出即可。

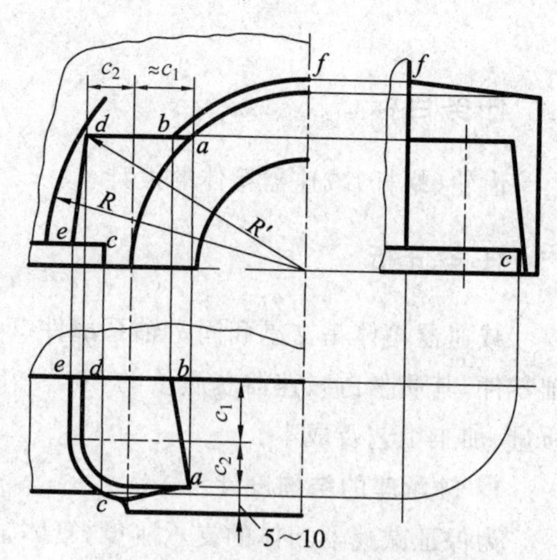

图 5-2 凸台结构的投影关系

当在主视图上确定了箱盖基本轮廓后，便

可在三个视图上详细画出箱盖的结构。

4. 箱座高度

箱座的高度由浸油深度确定。当传动零件采用浸油润滑时，对于圆柱齿轮通常取浸油深度大约为1个齿高，锥齿轮浸油深度为0.5～1个齿宽，但不小于10mm。为避免传动零件转动时将沉积在油池底部的污物搅起，造成齿面磨损，大齿轮齿顶距油池底面距离$\Delta_6>30\sim50$mm，参见表2-3，但浸油深度一般不超过其分度圆半径的1/3。对于下置式蜗杆减速器，油面高度不得超过支承蜗杆轴滚动轴承最低滚动体的中心位置。

为保证润滑及散热的需要，减速器内应有足够的油量。单级减速器每传递1kW功率，需油量为0.35～0.7L(小值用于低黏度油，大值用于高黏度油)；多级减速器所需油量则按级数成比例增加。

设计时，在离开大齿轮齿顶圆Δ_6($>30\sim50$mm)处画出箱体油池底面线，并初步确定箱座高度为

$$H\geqslant R_{a2}+\Delta_6+\Delta_7 \tag{5-1}$$

式中：R_{a2}为大齿轮的齿顶圆半径；Δ_7为箱座底面至油池底面的距离，近似取20mm。

综合以上各项要求即可确定出箱座高度。

5. 箱体凸缘尺寸

为保证箱体的刚度，箱盖与箱座连接凸缘应有一定厚度，以保证两者的连接刚度；箱体剖分面应加工平整，箱盖与箱座连接凸缘、箱底座凸缘应有足够宽度，可参照表2-1。

箱体凸缘连接螺栓应布置合理，螺栓间距不宜过大，一般减速器螺栓间距不大于150～200mm，大型减速器螺栓间距可再大些，以保证箱体的密封性。

箱座底面凸缘的宽度B应超过箱座内壁(图5-3)，以利于支撑，使箱壁与凸缘铸造厚度尽量均匀过渡，并尽量减少加工面。

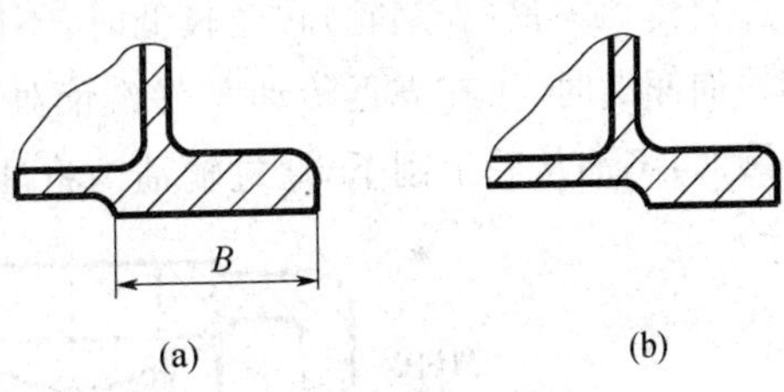

图5-3　箱体底座凸缘

(a) 正确；(b) 不正确

6. 油沟的结构形式及尺寸

1) 输油沟

当轴承利用传动零件飞溅起来的润滑油润滑时，应在箱座的剖分面上开设输油沟，使溅起的润滑油沿箱盖内壁经斜面流入输油沟内，再经轴承端盖上的导油槽流入轴承(图5-4(a))。

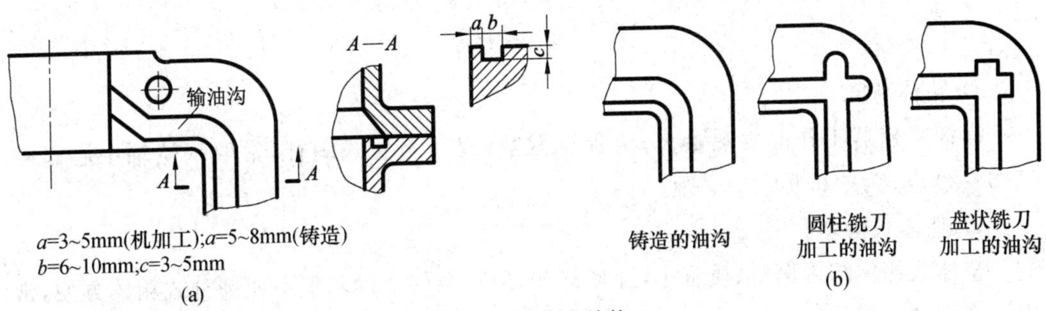

图5-4　输油沟结构

输油沟有铸造油沟和机加工油沟两种结构形式。机加工油沟容易制造，油流动阻力小，故用得较多，其结构尺寸如图 5-4 所示。

2）回油沟

为提高减速器箱体的密封性，可在箱座的剖分面上制出与箱内沟通的回油沟，使渗入箱体剖分面的油沿回油沟流回箱内。回油沟的尺寸与输油沟相同，其结构如图 5-5 所示。

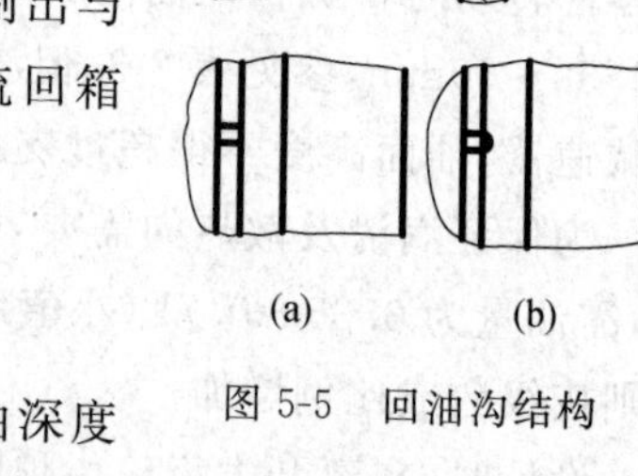

图 5-5　回油沟结构

7. 蜗杆减速器的结构

1）蜗杆轴系部件的润滑

下置式蜗杆及轴承一般采用浸油润滑。蜗杆的浸油深度大于或等于 1 个蜗杆齿高；轴承的浸油深度不应高于最低滚动体的中心。

当油面高度符合轴承浸油深度要求而蜗杆齿尚未浸入油中，或蜗杆浸油太浅时，可在蜗杆两侧设置溅油轮，利用飞溅的润滑油来润滑传动件。设置溅油轮时，轴承的浸油深度可适当降低。

上置式蜗杆靠蜗轮浸油润滑，其轴承采用脂润滑或刮板润滑（表 2-4）。

2）蜗轮轴承的润滑

蜗轮轴承一般采用脂润滑或刮板润滑（表 2-4）。

当传动零件（如蜗轮）转速较低时，不能靠飞溅的油满足轴承润滑，而又需要利用箱体内的油润滑时，可在靠近传动零件端面处设置刮油板（图 5-6）。刮油板的端面贴近传动件端面，将油从轮上刮下，通过输油沟将油引入轴承中。

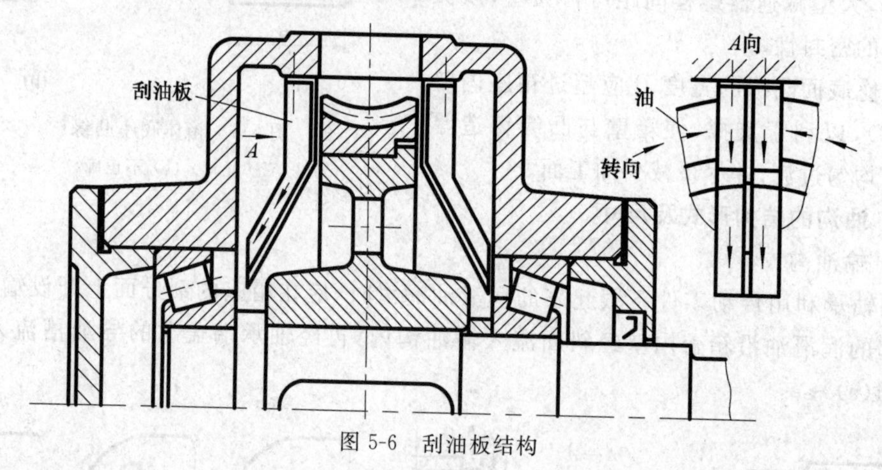

图 5-6　刮油板结构

3）箱体高度

蜗杆减速器工作时发热量大，为保证散热，对于下置式蜗杆，常取蜗轮轴中心高＝(1.8～2)a，a 为蜗杆传动中心距。

4）整体式箱体

整体式箱体结构简单、质量小，外形整齐，但轴系的装拆调整不如剖分式箱体方便，常用于小型减速器。

一般在整体式箱体两侧设置两个大端盖，便于蜗轮轴系的装入。箱体上的大端盖孔径要稍大于蜗轮外圆的直径。为保证蜗轮轴承座的刚度，大端盖轴承座处可设加强肋。

设计时应使箱体顶部内壁与蜗轮外圆之间留有适当的间距 S，以使蜗轮能跨过蜗杆进行装拆。端盖上装有启盖螺钉，以便拆卸。

5）散热

当箱体尺寸确定后，对于连续工作的蜗杆减速器，应进行热平衡计算。由于蜗杆减速器的发热量大，其箱体大小应满足散热面积的需要；若不能满足热平衡要求，则应适当增大箱体尺寸，或增设散热片（图 5-7）和风扇，以扩大散热面积。

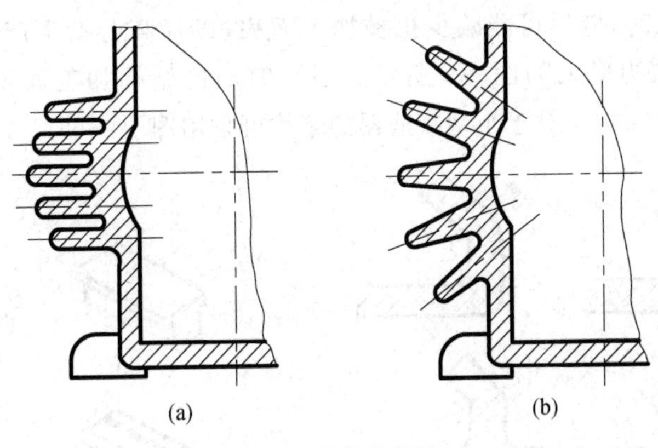

图 5-7 散热片结构

（a）正确；（b）不正确

散热片一般垂直于箱体外壁布置。如加散热片后仍不能满足散热要求时，可在蜗杆轴端部加装风扇，以加速空气流动，散热片的方向应与风扇气流方向一致。当发热严重时，可在油池中设置蛇形冷却管，以降低油温。

8. 锥齿轮减速器、锥-圆柱齿轮减速器的箱体结构

锥齿轮减速器或锥-圆柱齿轮减速器的箱体，一般采用以小锥齿轮的轴线为对称线的对称结构，如果将大锥齿轮调头安装时，可改变输出轴方向，以增加减速器的适应性。

9. 箱体造型设计

设计箱体时，应尽量使其外形简洁明快、造型美观、质量减小。

10. 箱体结构要有良好的工艺性

箱体结构工艺性的好坏，对提高加工精度和装配质量，提高劳动生产率及便于检修维护等方面，有直接影响，故应特别注意。

1）铸造工艺性

为便于造型、浇铸及减少铸造缺陷，箱体应力求形状简单、壁厚均匀、过渡平缓，避免产生金属积聚，不宜采用形成锐角的倾斜肋和壁（图 5-8(a)），而图 5-8(b)为正确的结构。

考虑到液态金属流动的畅通性，铸件壁厚不可太薄。砂型铸造圆角半径不小于 5mm。

箱体与其他零件的结合处，如箱体轴承座端面与轴承端盖、检查孔与检查孔盖、螺塞及吊环螺钉的支承面处均应做出凸台，以便于机加工。

设计箱体时，应使箱体外形简单，拔模方便。图 5-7(b)所示的散热片不便于拔模，将其改为图 5-7(a)所示结构。为便于拔模，铸件沿拔模方向应有 1∶10～1∶20 的拔模斜度。

对于铸造箱体，还应尽量减少沿拔模方向的凸起结构，否则在模型上就要设置活块。

箱体上还应尽量避免出现狭缝，否则砂型强度不够，在取模和浇注时易形成废品。

2）机械加工工艺性

设计结构形状时，应尽可能减少机械加工面积，以提高劳动生产率，并减小刀具磨损。箱体底面的结构形式如图 5-9 所示。图 5-9(a)的结构加工面积太大，不甚合理。图 5-9(d)为较好的结构。对于小型减速器的箱体可采用图 5-9(b)或(c)的结构。

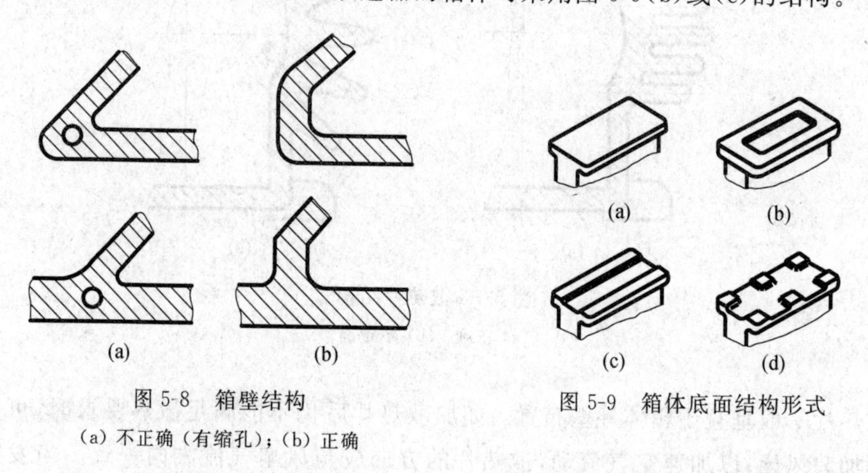

图 5-8　箱壁结构

(a) 不正确（有缩孔）；(b) 正确

图 5-9　箱体底面结构形式

为保证加工精度并缩短加工工时，应尽量减少在机械加工时工件和刀具的调整次数。如同一轴心线的两轴承座孔直径应尽量一致，以便于镗孔和保证镗孔精度。同一方向的平面，应尽量一次调整加工。故各轴承座端面都应在同一平面上。

箱体的任何一处必须严格区分加工面与非加工面，如箱盖的轴承座端面需要加工，因而应当凸出，如图 5-2 所示。

螺栓头及螺母的支撑面需铣平或镗平，应设计出凸台或沉头座。

任务实施

详见参考图例中箱体的设计。

任务 2　减速器附件的设计

任务目标

减速器附件的设计，包括检查孔盖和检查孔、放油螺塞、油标、通气器、启盖螺钉、定位销、起吊装置的设计。

任务分析

为了检查传动件的啮合情况，改善传动件及轴承的润滑条件、注油、排油、指示油面、通气及装拆吊运等，减速器常安置有各种附件。这些附件应按其用途设置在箱体的合适位置，并要便于加工和装拆。

1. 检查孔盖和检查孔

检查孔应设在能看到传动零件啮合区的位置，应足够大，以便于检查操作。箱体上开检查孔处应凸起一块，以便机械加工出支承盖板的表面。

减速器内的润滑油也由检查孔注入，为减少油的杂质，可在检查孔口装一过滤网。

检查孔上设有检查孔盖，用 M6～M10 的螺钉紧固，检查孔盖可用钢板、铸铁或有机玻璃等材料制造，其结构形式可参考图 5-10，尺寸由结构设计确定。

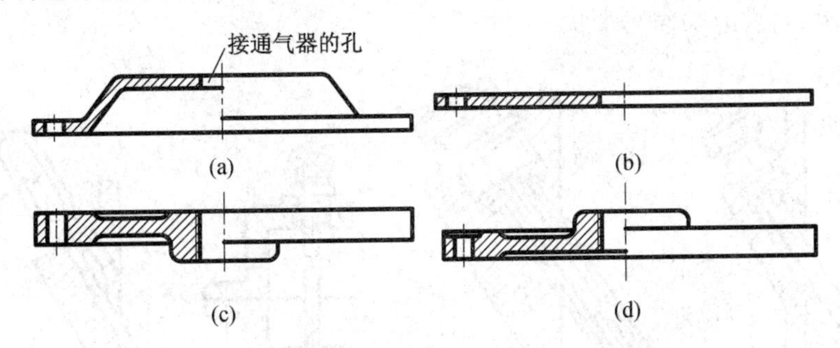

图 5-10 检查孔盖结构

(a) 冲压薄钢板；(b) 钢板；(c) 铸铁(工艺性差)；(d) 铸铁(工艺性好)

检查孔盖下面垫有封油垫片以加强密封，防止污物进入箱体或润滑油渗漏。

2. 放油螺塞

放油孔的位置应在油池最低处，并安排在减速器不与其他部件靠近的一侧，以便于放油。放油孔用螺塞及封油垫圈密封，因此油孔处的箱体外壁应凸出一块，经机械加工成为螺塞头部的支承面，并加密封垫圈以加强密封，如图 5-11 所示。

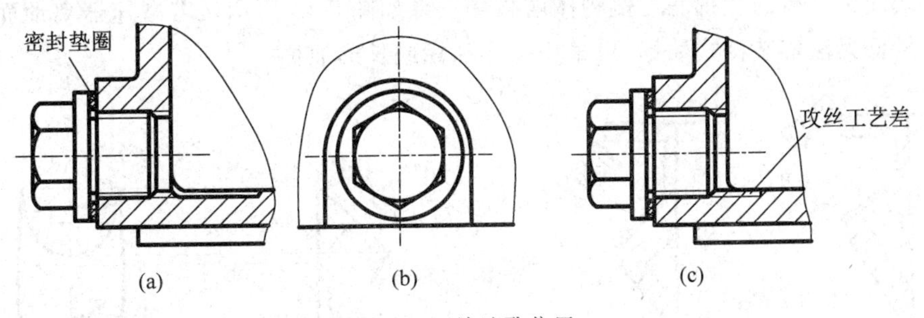

图 5-11 放油孔位置

螺塞有细牙螺纹圆柱螺塞和圆锥螺塞两种。圆锥螺塞形成密封连接，不需附加密封；而圆柱螺塞必须配置密封垫圈，垫圈材料为耐油橡胶、石棉及皮革等。

螺塞直径为箱体壁厚的 2～3 倍。螺塞及密封垫圈的尺寸见相关图册。

3. 油标

油标上有两条刻线，分别表示最高油面和最低油面的位置。最低油面为传动零件正常运转时所需的油面，其高度根据传动零件的浸油润滑要求确定；最高油面为油面静止时的高度。两油面高度差值与传动零件的结构、速度等因素有关，可通过实验确定。对中小型减速器通常取 5～10mm。

油标的结构形式及尺寸见相关图册。常用的油标有油尺、圆形油标、长形油标、油面指示螺钉等。

图 5-12(a)为杆式油标，结构简单，在减速器中应用较多，一般常带有螺纹部分，检查油面时需将油标拔出，由其上的油痕判断油面高度是否合适。图 5-12(b)为带隔离套的油标，这种油标可避免因油搅动而影响检查效果，便于在不停车的情况下随时检查油面位置；图 5-12(c)为直装式油标，油标上附设有通气器，常用于箱座较矮而不便于安装在箱体侧面时；图 5-12(d)为简易油标。

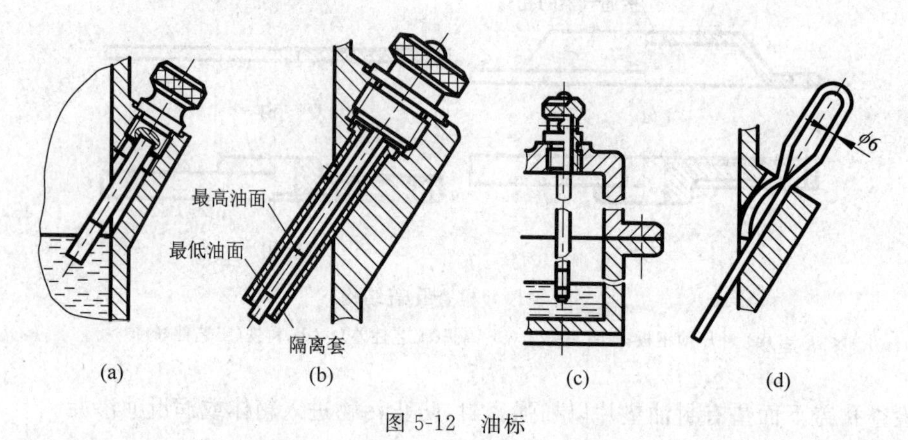

图 5-12　油标

(a) 杆式油标；(b) 带隔离套的油标；(c) 直装式油标；(d) 简易油标

设计时应合理确定杆式油标凸台的位置及倾斜角度，既要避免箱体内的润滑油溢出，又要便于杆式油标的插取及凸台上沉头座孔的加工。杆式油标的倾斜位置如图 5-13 所示。杆式油标凸台的主视图与侧视图的投影关系如图 5-14 所示。若减速器离地面较高，或箱座较低无法安装杆式油标，可采用圆形油标或长形油标。

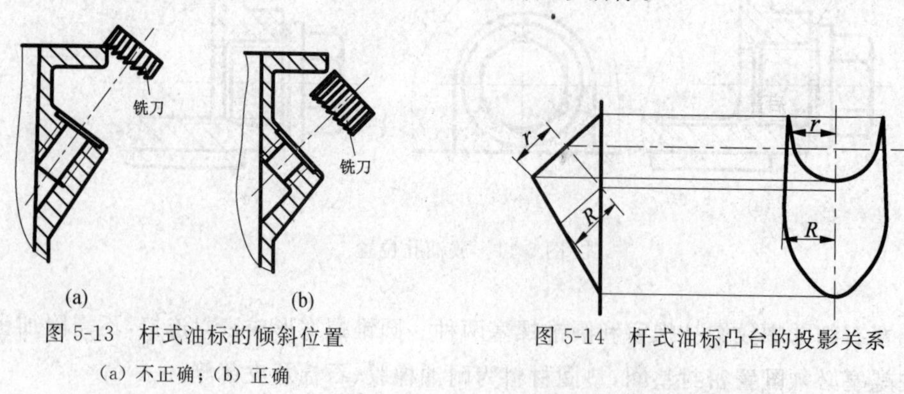

图 5-13　杆式油标的倾斜位置

(a) 不正确；(b) 正确

图 5-14　杆式油标凸台的投影关系

4. 通气器

通气器的结构形式很多。简单的通气器常用带孔螺钉制成，但通气孔不要直通顶端，如图 5-15(a)所示，以免灰尘进入，用于比较清洁的场合。

比较完善的通气器，其内部做成曲路，并设有金属滤网，如图 5-15(b)所示，可减少停车后灰尘随空气进入箱内。

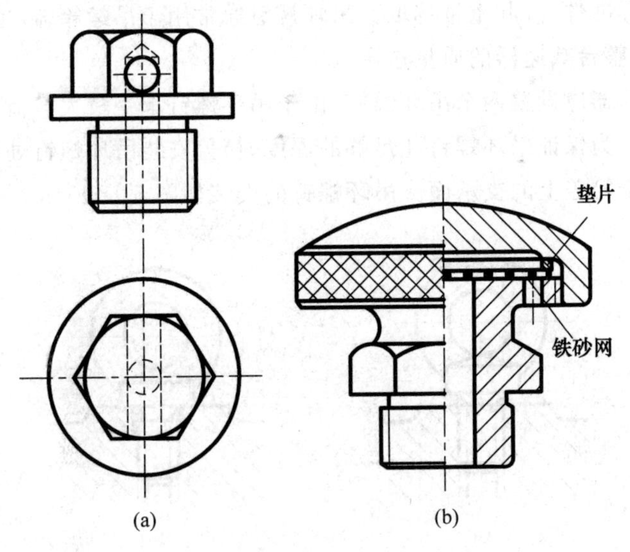

图 5-15 通气器

(a) 无过滤装置；(b) 经两次过滤

中小型减速器常用的通气器结构尺寸见有关图册和手册。

5. 启盖螺钉

启盖螺钉(图 5-16)设在箱盖连接凸缘上，其螺纹有效长度应大于箱盖凸缘厚度。启盖螺钉直径可与凸缘连接螺钉直径相同，螺钉端部制成圆柱形并光滑倒角或制成半球形，以免顶坏端部螺纹。

6. 定位销

常采用圆锥销作定位销(图 5-17)，在镗孔和装配拧紧螺栓之前，安装定位销。两定位销间距离越远越可靠，因此，常将其设置在箱体连接凸缘的对角处，并做非对称布置。

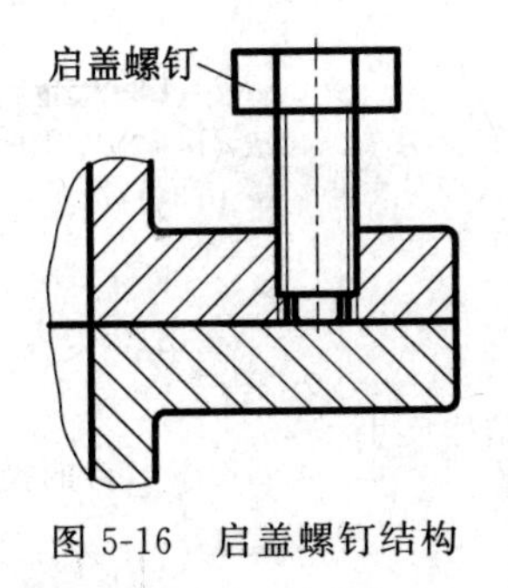

图 5-16 启盖螺钉结构

图 5-17 定位销结构

定位销的位置应便于钻、铰加工，且不妨碍连接螺栓及其附件的加工和装拆。

定位销的直径 $d \approx 0.8 d_2$（d_2 为箱盖、箱座连接螺栓直径），其长度应大于箱盖和箱座连接凸缘的厚度之和，以利于装拆。

7. 起吊装置

1）吊环螺钉

吊环螺钉为标准件，按起重量选取。吊环螺钉通常用于吊运箱盖，也可用于吊运轻型减速器，此时应按整台减速器的质量选用。

通常每台减速器应设置两个吊环螺钉，由于吊环螺钉承受较大载荷，故将其旋入箱盖凸台上的螺孔中。为保证吊环螺钉孔足够的深度，箱盖安装吊环螺钉处应设置凸台，吊环螺钉的凸肩应紧抵箱盖上的支承面。吊环螺钉的安装如图 5-18 所示。

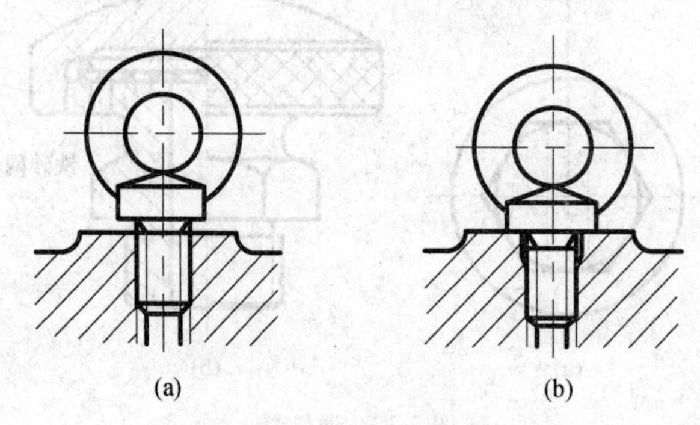

图 5-18　吊环螺钉的安装

(a) 不正确；(b) 正确

2）吊耳、吊环

采用吊环螺钉使机加工工序增加，故常在箱盖上直接铸出吊耳或吊环，其结构和尺寸如图 5-19 所示。

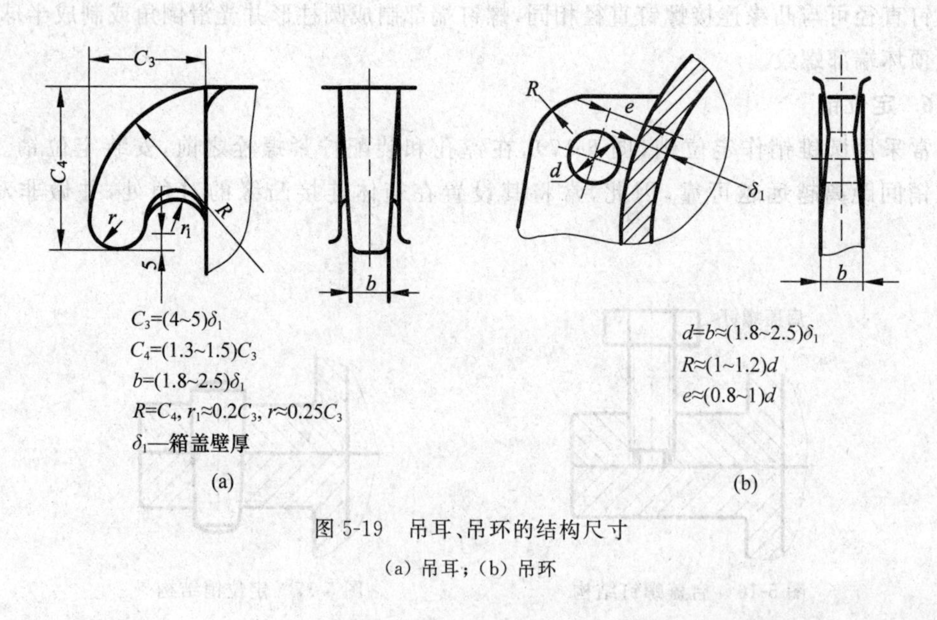

图 5-19　吊耳、吊环的结构尺寸

(a) 吊耳；(b) 吊环

3）吊钩

吊钩铸在箱座两端的凸缘下面，用于吊运箱座或整台减速器，其结构尺寸如图 5-20 所示。

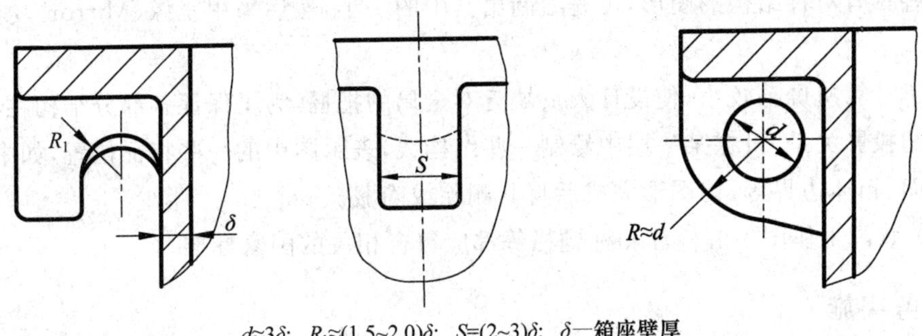

$d\approx3\delta$; $R_1\approx(1.5\sim2.0)\delta$; $S=(2\sim3)\delta$; δ—箱座壁厚

图 5-20　吊钩的结构尺寸

吊耳、吊环与吊钩的设计需要注意：其布置应与机器质心位置相协调，并避免与其他结构相干涉，如杆式油标、箱座与箱盖连接螺栓等。

任务实施

详见参考图例 1）、2）、3）、4）中附件的设计。

任务 3　计算机绘制装配图

任务目标

熟悉计算机绘图软件，明确计算机绘制装配图需要注意的问题。

任务分析

目前，计算机辅助绘图方法越来越多地被引入到机械设计课程设计中。常用的计算机绘图方法有二维交互式绘图软件、由三维装配模型生成二维装配图、用拼装方式生成二维装配图及利用自顶向下的思想设计装配图等。其中，二维交互式绘图是目前应用较普遍的一种方法。

使用计算机辅助绘图需注意以下四个问题：

（1）前述装配草图的设计必不可少。它可以弥补计算机直接绘图时，由于计算机屏幕显示较小而引起的不能兼顾全局的问题，也是学生对徒手绘制结构图能力的必要训练环节。经验算轴系主要零件的工作能力并满足设计要求后，可将装配草图移入计算机绘图系统中。

（2）应该对图形进行有效管理。通常对图素赋予图层、颜色、线宽等一些特征参数，这样有利于图形的修改和输出。

(3) 正确使用和熟练掌握图形软件所具有的图形编辑功能,可以多快好省地完成设计工作。例如:有些结构或标准件在图中反复使用时,可将这些结构或标准件定义为块(Block),既便于成组复制又便于减少文件的存储空间。

有些具有对称结构的图形,可先绘制出其中的一半,然后采用镜像(Mirror)功能进行操作。

由于计算机屏幕较小,使设计人员缺乏对全局的把握,为了保证各部分结构在各视图中正确的投影关系,可在某一层中绘制一些结构线,表示图中的一些特征位置,如中心线、齿轮端面、箱体边界等,待图形完成后将其删除或隐藏。

(4) 装配工作图中的标注和标题栏等都应符合相关的国家标准。

任务实施

计算机绘制的减速器装配图见参考图例1)、2)、3)、4)。

思考题

1. 如何确定减速器箱座的高度?
2. 设计箱体结构时,可采取哪些措施提高箱体刚度?
3. 蜗杆减速器箱体需加散热片时,散热片应如何布置?
4. 减速器箱体的作用是什么?
5. 分析剖分式箱体与整体式箱体的特点,铸造箱体与焊接箱体的特点。
6. 轴承座孔附近的连接螺栓凸台的结构设计需要考虑哪些问题?
7. 蜗杆减速器的箱体设计有何特点?
8. 在设计中如何考虑箱体的结构工艺性?铸件设计有何特点?
9. 检查孔的位置及大小如何考虑?
10. 放油螺塞的位置如何确定?怎样防止漏油?
11. 油标的设计需要注意哪些问题?油标外的隔离套为什么要钻小孔?
12. 为什么蜗杆减速器中设置溅油轮?
13. 通气器的位置如何考虑?
14. 定位销设计需要考虑哪些问题?
15. 输油沟和回油沟有何区别?
16. 箱体剖分面上润滑油沟如何加工?设计油沟时应注意什么问题?
17. 吊环、吊钩有哪些结构形式?设计时应考虑哪些问题?为什么箱盖和箱座都有吊环或吊钩?
18. 使用计算机辅助绘图需要注意哪些问题?

模块六　完成减速器装配图

经过前面的设计，已经将减速器各零部件的结构确定下来，但作为完整的装配图，除了表达减速器装配结构和位置的图形外，还要完成的主要内容包括：尺寸标注及配合代号；技术要求；技术特性表；零件编号；标题栏和明细表等。

装配图上应尽量避免用虚线表示零件结构。必须表达的内部结构或某些附件的结构，可采用局部视图或局部剖视图加以表示。

任务1　标注尺寸

任务目标

在减速器装配图上正确进行尺寸标注。

任务分析

装配图上应标注以下四个方面的尺寸。

1. 特性尺寸

传动零件的中心距及其偏差。

2. 配合尺寸

主要零件的配合处都应标出尺寸、配合性质和精度等级。配合性质和精度的选择对减速器工作性能、加工工艺及制造成本等有很大影响，应根据手册中有关资料认真确定。表6-1给出了减速器主要零件的荐用配合。

表 6-1　减速器主要零件的荐用配合

配合零件		荐用配合	装拆方法
一般齿轮、蜗轮、带轮、联轴器与轴	一般情况	H7/r6	用压力机
	较少装拆	H7/n6	用压力机
	小圆锥齿轮及经常装拆处	H7/m6、H7/k6	手锤装拆
滚动轴承内圈与轴	轻负荷($P_r \leqslant 0.07C_r$)	j6、k6	用温差法或压力机
	正常负荷($0.07C_r < P_r \leqslant 0.15C_r$)	k5、m5、m6、n6	
滚动轴承外圈与箱体轴承座孔		H7	用木锤或徒手装拆
轴承端盖与箱体轴承座孔		H7/d11、H7/h8、H7/f9	徒手装拆
轴承套杯与箱体轴承座孔		H7/js6、H7/h6	

注：对于向心轴承，P_r 为径向当量动负荷，C_r 为径向额定动负荷。

3. 安装尺寸

箱体底面尺寸(包括长、宽、厚),地脚螺栓孔中心的定位尺寸,地脚螺栓孔之间的中心距和直径,减速器中心高,主动轴与从动轴外伸端的配合长度和直径及轴外伸端面与减速器某基准轴线的距离等。

4. 外形尺寸

减速器总长、总宽、总高等。它是表示减速器大小的尺寸,以便考虑所需空间大小及工作范围等,供车间布置及装箱运输时参考。

标注尺寸时,应使尺寸的布置整齐清晰,多数尺寸应布置在视图外面,并尽量集中反映在主要结构的视图上。

任务实施

见装配图示例 1)、2)、3)中的尺寸标注。

任务 2　写出减速器的技术特性

任务目标

写出减速器的技术特性。

任务分析

减速器的技术特性包括输入功率和转速、传动效率、总传动比及各级传动比、传动特性(如各级传动件的主要几何参数、精度等级)等。也可在装配图上列表表示。表 6-2 给出了二级斜齿圆柱齿轮减速器的技术特性。

表 6-2　减速器的技术特性

<table>
<tr><th rowspan="3">输入功率
/kW</th><th rowspan="3">输入转速
/(r/min)</th><th rowspan="3">效率
η</th><th rowspan="3">总传动比
i</th><th colspan="8">传 动 特 性</th></tr>
<tr><th colspan="4">高速级</th><th colspan="4">低速级</th></tr>
<tr><th>m_n</th><th>z_2/z_1</th><th>β</th><th>精度等级</th><th>m_n</th><th>z_2/z_1</th><th>β</th><th>精度等级</th></tr>
<tr><td></td><td></td><td></td><td></td><td></td><td></td><td></td><td></td><td></td><td></td><td></td><td></td></tr>
</table>

任务实施

详见装配图示例 2)、3)中的技术特性。

任务 3　编写技术要求

任务目标

编写减速器装配图的技术要求。

任务分析

1. 对零件的要求

装配前,应按图纸检验零件的配合尺寸,合格零件才能装配。所有零件要用煤油或汽油清洗,箱体内不许有任何杂物,箱体内壁应涂防蚀性涂料。

2. 对润滑剂的要求

标明传动件及轴承所用润滑剂的牌号、用量、补充及更换时间。

3. 对密封的要求

在试运转过程中,所有连接面及轴伸密封处都不允许漏油。剖分面允许涂以密封胶和水玻璃,不允许使用任何垫片。轴伸处密封应涂上润滑脂。对橡胶油封应注意按图纸所示位置安装。

4. 对安装调整的要求

(1) 安装调整滚动轴承时,必须保证一定的轴向游隙。应该在技术要求中提出游隙的大小。可以采用垫片、圆螺母或调整螺钉调整轴承的游隙。

对可调游隙的轴承(如圆锥滚子轴承和角接触球轴承),应在技术条件中标出轴承游隙数值。对两端固定支承的轴系,若采用不可调游隙的轴承(如深沟球轴承),则要注明轴承端盖与轴承外圈之间应保留的轴向间隙 Δ($\Delta=0.25\sim0.4$mm),间隙大小可用垫片调整。

当采用垫片调整轴承游隙时,先用轴承端盖将轴承顶紧到轴能够勉强转动,这时基本消除了轴承的轴向游隙,而端盖和轴承座之间有间隙 δ,再用厚度为 $\delta+\Delta$ 的调整垫片置于轴承端盖与轴承座之间,拧紧螺钉,即可得到需要的间隙 Δ。垫片可采用一组厚度不同的软钢薄片组成,其总厚度为 1.2～2mm。

当采用圆螺母或调节螺钉调整轴承的游隙时,首先把螺钉或螺母拧紧至基本消除轴向间隙,然后退转至留有需要的轴向游隙位置,最后锁紧螺母即可。此时,轴承端盖和轴承座之间的垫片不起调整作用,只起密封作用。

(2) 在安装齿轮或蜗杆蜗轮后,必须保证需要的侧隙及齿面接触斑点,故技术要求须提出具体数值,供安装后检验用。侧隙和接触斑点由传动精度确定,可由手册查出。

传动侧隙的检查可用塞尺或铅片塞进相互啮合的两齿间,然后测量塞尺厚度或铅片变形后的厚度。

接触斑点的检查是在主动轮齿面上涂色,当主动轮转动 2～3 周后,观察从动轮齿面的着色情况,由此分析接触区位置及接触面积大小。

当传动侧隙及接触斑点不符合精度要求时,可对齿面进行刮研、跑合或调整传动件的啮合位置。对于锥齿轮减速器,可以通过垫片调整大小锥齿轮的位置,使两锥齿轮的锥顶重合。对于蜗杆减速器,可调整蜗轮轴承垫片(一端加垫片,另一端减垫片),使蜗杆轴心线通过蜗轮中间平面。

对多级传动,当各级侧隙和接触斑点要求不同时,应分别在技术要求中写明。

5. 对试验的要求

做空载试验正、反转各1h，要求运转平稳、噪声小、连接固定处不得松动。负载试验时，油池温升不得超过35℃，轴承温升不得超过40℃。

6. 对包装、运输和外观的要求

对外伸端及其零件需涂油包装严密，箱体表面应涂漆，运输和装卸时不得倒置等。

任务实施

见装配图示例2)、3)中的技术要求。

任务4　对所有零件进行编号

任务目标

对装配图上所有零件进行编号。

任务分析

零件编号方法，可以采用不区分标准件和非标准件统一编号，也可把标准件和非标准件分开分别编号。编号引线及写法如图6-1(a)所示。图上相同零件应只有一个编号，编号线相互不能相交，并且不与剖面线平行。对于装配关系清楚的零件组(如螺栓、垫圈、螺母)可以利用公共编号引线，如图6-1(b)、(c)所示。编号可按顺时针或逆时针方向顺序排列整齐，字高要比尺寸数字高度大一号或两号。

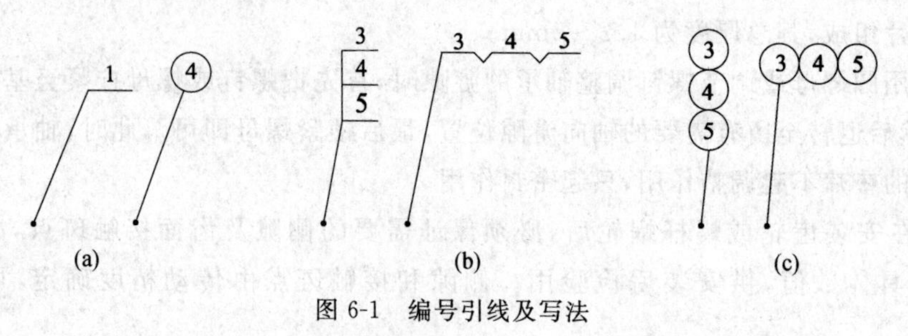

图6-1　编号引线及写法

任务实施

见装配图示例1)、2)、3)中的零件编号。

任务5　编写零件明细表及标题栏

任务目标

编写装配图上的零件明细表及标题栏。

任务分析

明细表是减速器所有零件的详细目录，填写明细表的过程也是最后确定材料及标准件的过程，应尽量减少材料和标准件的品种和数量。明细表由下而上填写。

标准件必须按照规定的标记，完整地写出零件名称、材料、主要尺寸及标准代号。材料应注明牌号。各独立部件(如滚动轴承、通气器)可作为一个零件标注。齿轮必须说明主要参数，如模数 m、齿数 z、螺旋角 β 等。

标题栏一般由更改区、签字区、名称及代号区组成，也可按实际需要增加或减少。标题栏的位置应位于图纸右下角，用来注明减速器的名称、比例、图号、件数、重量、设计人姓名等。

标题栏和明细表的格式(GB/T 10609.1—2008，GB/T 10609.1—1989)如图 6-2 和图 6-3 所示。

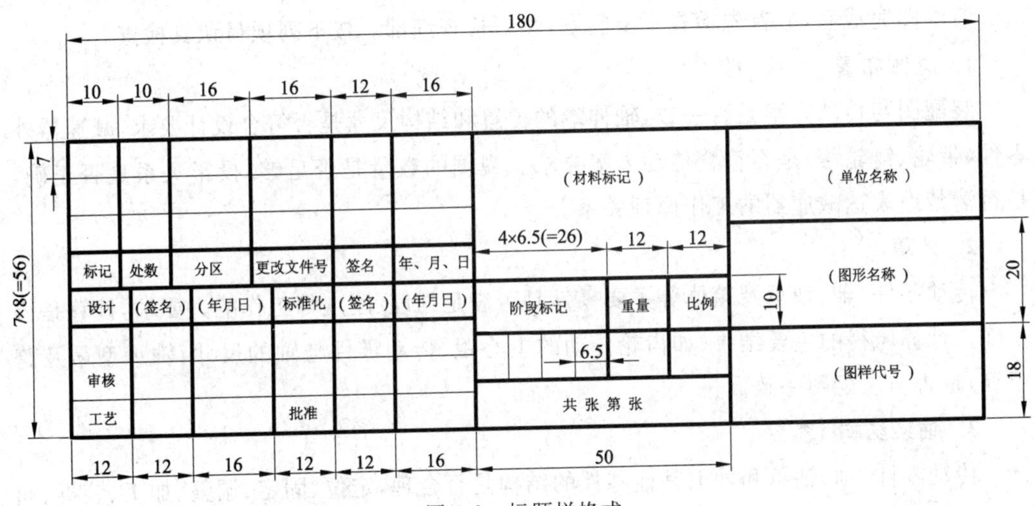

图 6-2　标题栏格式

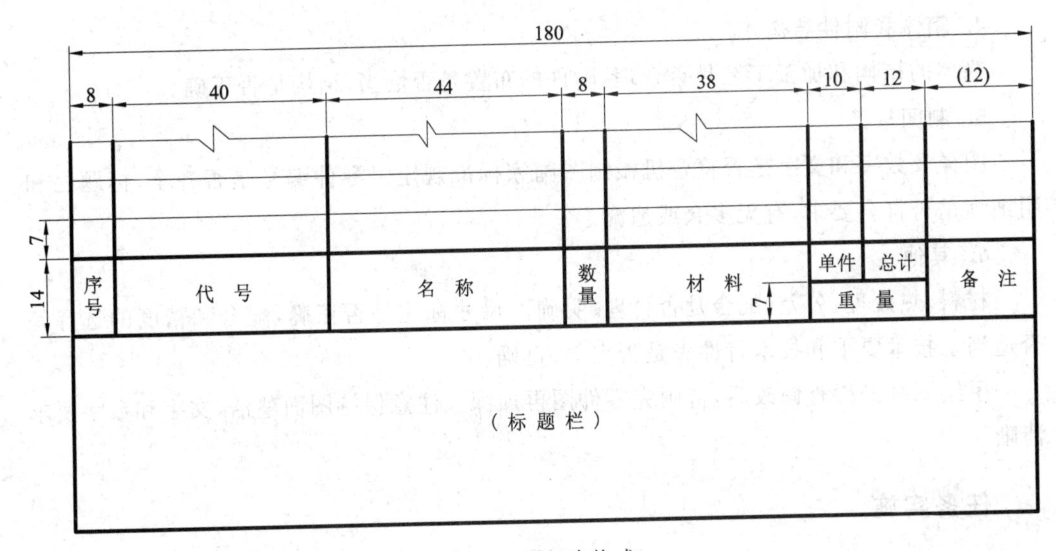

图 6-3　明细表格式

任务实施

见装配图示例 2)、3)中的标题栏和明细表。

任务6　检查装配图

任务目标

对减速器装配图进行检查，确保完整和准确。

任务分析

装配图完成后，应首先检查主要问题，然后检查细部。按下列项目认真检查。

1. 总体布置

装配图与传动方案是否一致，轴伸端的位置和结构尺寸是否符合设计要求，减速器外零件(带轮、链轮等)是否符合传动方案要求。视图的数量是否足够，投影关系是否正确，是否清楚地表达减速器的工作原理关系。

2. 计算

传动零件、轴、轴承及箱体等主要零件是否满足强度、刚度等工作能力要求，计算是否正确。计算所得的主要结果(如齿轮传动的中心距、传动零件与轴的尺寸、轴承型号及跨距等)是否与装配图一致。

3. 轴系结构

传动零件、轴、轴承和轴上其他零件的结构是否合理，定位、固定、调整、加工、装拆、润滑、密封与维修等是否合理。

4. 箱体和附件结构

箱体的结构和加工工艺是否合理，附件的布置是否恰当，结构是否正确。

5. 制图规范

图样及数字和文字是否符合机械制图国家标准规定。零件编号是否齐全，标题栏和明细表是否符合要求，有无多余或遗漏。

6. 其他

材料、热处理、公差、配合是否合理、明确。尺寸标注是否正确，配合和精度的选择是否适当。技术要求和技术特性表是否完善、正确。

手绘图纸经检查修改后，待画完零件图再加深。注意保持图面整洁，文字和数字要求清晰。

任务实施

详见装配图示例。

思　考　题

1. 减速器装配图上应标注哪些尺寸？
2. 装配图设计中技术要求通常有哪些内容？
3. 如何选择减速器中主要零件的配合与精度？
4. 滚动轴承与轴和轴承座孔的配合如何选择和标注？
5. 为什么箱体的剖分面上不允许使用垫片？
6. 为何需要调整轴承的游隙，如何调整？
7. 如何检查装配图？
8. 如何选择减速器中各零件的材料？
9. 如何检查传动件的接触斑点？

模块七　零件工作图设计

零件工作图是零件制造、检验和制订工艺规程的基本技术文件。它既要反映出设计意图,又要考虑到制造的可行性及合理性。

对零件工作图的设计要求简述如下。

1. 基本视图、比例尺、局部视图

每个零件必须单独绘制在一张标准图幅中,应合理地选用一组视图(包括基本视图、剖面图、局部视图和其他规定画法),将零件的结构形状和尺寸都完整、准确而清晰地表达出来。比例尺应尽量采用1∶1以增强对零件的真实感。必要时,可适当放大或缩小。放大或缩小的比例尺也必须符合标准规定。对于零件的细部结构(如退刀槽、过渡圆角和需要保留的中心孔等),如有必要,可采用局部放大图,图面的布置应根据视图的轮廓大小,考虑标注尺寸、书写技术要求以及绘制标题栏等占据的位置做全盘安排。

2. 零件工作图尺寸的标注

在零件工作图上标注的尺寸和公差,是加工和检验零件的根据,必须完整、准确、合理。尺寸和公差的标注方法应符合标准规定,符合加工工序要求,还应便于检验。标注尺寸与公差时应当注意下列问题:

(1) 正确选定基准面和基准线。

(2) 零件的大部分尺寸尽量集中标注在能反映该零件结构特征的一个视图上。

(3) 图上应有供加工和检测所需要的尺寸和公差,以避免在加工过程中做任何换算。

(4) 所有尺寸应尽量标注在视图的轮廓之外,尺寸线只能引到可见轮廓线上。尺寸线之间最好不交叉。

(5) 对于配合处的尺寸及精度较高部位的几何尺寸,均应根据装配草图中已经确定的配合性质和精度等级查有关公差表,注出各自尺寸的极限偏差。此外,轴须取直径尺寸,箱体上的中心距、轴与键配合的键槽等都须在零件工作图上标注尺寸及相应的极限偏差值。

3. 零件表面粗糙度的标注

零件表面粗糙度选择的恰当与否,将影响到零件表面的耐磨性、耐腐蚀性、零件的抗疲劳能力及其配合性质等,也直接影响到零件的加工工艺和制造成本。所以,确定零件表面粗糙度时,应根据零件的工作要求、精度等级和加工方法等综合考虑选定。在不影响零件正常工作的前提下,尽量选用数值较大的粗糙度,否则将使零件的加工费用增高。

零件粗糙度高度参数值的选择通常采用类比法。

零件的所有表面均应注明粗糙度。如有较多的表面具有相同的粗糙度时,可在零件工作图的标题栏附近统一标注,并在该代号后面的括号中标注基本符号。这样可避免在图形中出现多处同样标注,使图形更为清晰整洁。

4. 几何公差的标注

零件工作图上应标注必要的形状和位置公差,即几何公差,这也是评定零件加工质量的重要指标之一。对于不同零件的工作性能要求不同,所以标注的几何公差项目及等级也不相同。

5. 技术要求

对零件在制造时必须保证的技术要求,且不便用图形或符号表示时均可用文字简要地书写在技术要求中。不同零件的技术要求也不尽相同,通常按如下要求进行编制:

(1) 对锻造毛坯的要求,如要求毛坯表面不允许有毛刺、氧化皮;箱体件在机械加工前须经时效处理。

(2) 对材料热处理方法及达到的硬度等要求。

(3) 对机械加工的要求,如是否要求保留中心孔,箱体上的定位销,一般要求上下箱体配钻和配铰,应在技术要求中注明。

(4) 其他要求。未注明的倒角、圆角的说明,个别部位的修饰加工要求,以及对高速回转零件,常要求做静、动平衡试验。

6. 零件工作图的标题栏

在图纸右下角应画出标题栏,其格式与内容参见图 6-2 所示。

零件的基本结构与主要尺寸均应根据装配草图来绘制,即与装配草图一致,需要改动时,则应对徒手绘制的装配草图做相应修改。当采用计算机辅助绘图绘制装配图时,也应对装配图进行相应修改,最终完成装配图绘制。

任务 1　轴类零件工作图

任务目标

轴类零件图设计包括:确定视图,标注尺寸、几何公差及表面粗糙度,写出技术要求。

任务分析

轴类零件指圆柱体形状的零件,如轴、套筒等。对这类零件工作图的设计要求简述如下。

1. 视图

轴类零件(包括转轴、齿轮轴和蜗杆轴),一般用一个主要视图即可。为清楚起见,必要时对螺纹退刀槽、砂轮越程槽等可绘出局部放大图。键槽及花键部分要绘出相应的横剖面图,以便标注键槽的尺寸和技术要求。

2. 尺寸标注

轴类零件的尺寸主要是直径和长度。直径尺寸可直接标注在相应的各段直径处,必要时可标注在引出线上。凡是配合处都要标注尺寸极限偏差。

长度尺寸的标注应注意以下三个方面:

(1) 基准面的选择。应以工艺基准面作为标注轴向尺寸的主要基准面,尽可能做到设计基准、工艺基准和测量基准三者一致,并尽量考虑加工过程来标注各段尺寸。基准面常选择在传动零件定位面处或轴的端面处。对于长度尺寸精度要求较高的轴段,应尽量直接标出其尺寸。

(2) 标注尺寸时应避免出现封闭的尺寸链。轴上键槽的位置尺寸、剖面尺寸及偏差均应标出。

(3) 在零件工作图上对尺寸及偏差相同的直径应逐一标注,不得省略;对所有倒角、圆角都应标注,或在技术要求中说明。

3. 几何公差的标注

轴类零件图上应标出必要的几何公差,以保证加工精度和装配质量。减速器轴的几何公差标注项目参见表 7-1。

表 7-1 轴的几何公差推荐项目

内容	项 目	符号	精度等级	作 用
形状公差	与传动零件相配合直径的圆度	○	7～8	影响传动零件与轴配合的松紧及对中
	与传动零件相配合直径的圆柱度	⌭		
	与轴承相配合直径的圆柱度		6	影响轴承与轴配合的松紧及对中,也会改变内圆滚道的圆度,缩短轴承寿命
位置公差	传动零件的定位端面对轴线的端面圆跳动	↗	6～8	影响齿轮等传动零件的定位及其受载均匀性
	轴承的定位端面对轴线的端面圆跳动		6	影响轴承的定位,造成轴承套圈歪斜,改变滚道的几何形状,恶化轴承的工作条件
	与传动零件配合的直径相对轴线的径向圆跳动		6～8	影响传动零件的运转同心度
	与轴承相配合的直径相对轴线的径向圆跳动		5～6	影响轴和轴承的运转同心度
	键槽侧面相对轴线的对称度	⌯	7～9	影响键与键槽受载的均匀性及装拆的难易程度

4. 表面粗糙度的标注

轴的所有表面都应注明表面粗糙度,其值见表 7-2。

表 7-2　轴的表面粗糙度 *Ra* 推荐值

<table>
<tr><th>加工表面</th><th colspan="5">表面粗糙度 Ra 的荐用值/μm</th></tr>
<tr><td>与滚动轴承相配合的轴径表面</td><td colspan="5">0.8(轴承内径 d≤80mm),1.6(轴承内径 d>80mm)</td></tr>
<tr><td>与滚动轴承相配合的轴肩端面</td><td colspan="5">1.6</td></tr>
<tr><td>与传动零件及联轴器相配合的轴头表面</td><td colspan="5">1.6～0.8</td></tr>
<tr><td>与传动零件及联轴器相配合的轴肩表面</td><td colspan="5">3.2～1.6</td></tr>
<tr><td>平键键槽的工作面</td><td colspan="5">3.2～1.6</td></tr>
<tr><td>平键键槽的非工作面</td><td colspan="5">6.3</td></tr>
<tr><td rowspan="4">密封轴段表面</td><td colspan="2">毡圈密封</td><td colspan="2">橡胶密封</td><td>油沟或迷宫密封</td></tr>
<tr><td colspan="4">与轴接触处的圆周速度 v/(m/s)</td><td rowspan="3">3.2～1.6</td></tr>
<tr><td>≤3</td><td colspan="2">>3～5</td><td>>5～10</td></tr>
<tr><td>3.2～1.6</td><td colspan="2">0.8～0.4</td><td>0.4～0.2</td></tr>
</table>

5. 技术要求

轴类零件技术要求的主要内容如下：

(1) 对材料的化学成分和力学性能的说明。

(2) 热处理方法,热处理后的硬度、渗碳深度等要求。

(3) 图中未注明的圆角、倒角尺寸。

(4) 其他必要的说明,例如图上未画中心孔,则应注明中心孔的类型及标准代号,或在图上用指引线标出。

任务实施

轴类零件工作图见参考图例 5)和 7)。

任务 2　齿(蜗)轮类零件工作图

任务目标

齿(蜗)轮零件图设计主要包括：确定视图,进行尺寸标注和毛坯尺寸及公差的标注,给出啮合特性表,表面粗糙度的标注,并给出技术要求。

任务分析

1. 视图

齿(蜗)轮类零件工作图一般需要两个主要视图(一个端面视图,一个侧视图),主视图通常采用通过齿轮轴线的全剖或半剖视图,侧视图可用表达毂孔和键槽形状、尺寸为主的局部视图。可视具体情况根据机械制图的规定画法对视图做某些简化。有轮辐的齿轮应另画出轮辐结构的横剖面图。

对组装的蜗轮,需分别绘出组装前的零件图(轮缘和轮芯)和组装后的蜗轮图。切齿工作是在组装后进行的。因此在组装前,零件的相关尺寸应该留出必要的加工余量,待组装后再加工到最后需要的尺寸。

齿轮轴和蜗杆轴按照轴类零件工作图的方法绘制。

2. 尺寸标注

齿(蜗)轮类零件的尺寸应按回转体零件进行标注,其径向尺寸以轴的中心线为基准标出,齿宽方向的尺寸以端面为基准标出。

对于按结构要求确定的尺寸如轮缘厚度、腹板厚度、轮毂、腹板开孔等尺寸均应进行圆整。对于铸造或模锻制造的毛坯,应注出拔模斜度和必要的工艺圆角。

齿(蜗)轮类零件的分度圆直径虽不能直接测量,但它是设计的基本尺寸,应该标注。这类零件的轴孔是加工、测量和装配时的重要基准,尺寸精度要求高,应标出尺寸偏差。齿顶圆直径偏差值与该直径是否作为测量基准有关,可查手册标出。齿根圆直径是根据其他参数加工的结果,在图纸上不标注。

锥齿轮的锥距和锥角是保证啮合的重要尺寸。标注时,对锥距应精确到0.01mm,对锥角应精确到分。为控制锥顶的位置,还应注出基准端面到锥顶的距离。在加工圆锥齿轮毛坯时,还要控制顶锥角、背锥角、齿宽、大端顶圆、大端齿顶到基准端面间距离、基准端面到锥顶间距离的极限偏差。上述偏差会影响圆锥齿轮的啮合精度,需在零件图上标出,具体数值可查手册。

对蜗轮的组件图,还应注出轮缘和轮芯的配合尺寸和配合性质。

所有轴、孔的键槽尺寸按规定标注。

3. 毛坯尺寸及公差

齿(蜗)轮类零件在切齿前应先加工好毛坯,为保证切齿精度,在零件图上应注意毛坯尺寸和公差的标注。

毛坯尺寸要标注正确,首先应明确标注基准,主要是基准孔、基准端面和顶圆柱面等。

1) 基准孔

轮毂孔是重要的基准,不仅是装配的基准,也是切齿和检测加工精度的基准,孔的加工质量直接影响到零件的旋转精度。孔的尺寸精度一般可选为基孔制7级。以孔为基准的几何公差有端面跳动、顶圆的径向跳动。对蜗轮还应标注蜗轮孔轴心线至滚刀中心的距离偏差($a\pm\Delta a$)。

2) 基准端面

轮毂孔的端面是装配定位基准,切齿时也以它定位。由于轮毂孔端面要影响安装质量和切齿精度,故除了应标出端面对孔中心线的垂直度或端面跳动外,对蜗轮还应标出以端面为基准的毛坯尺寸和偏差,即蜗轮端面至主平面的距离$M\pm\Delta M$,以保证在切齿时滚刀能获得正确的位置,满足切齿精度的要求。

3) 顶圆柱面

圆柱齿轮和蜗轮的顶圆常作为工艺基准和测量的定位基准,因此应标出尺寸偏差和几何公差(径向圆跳动公差)。

4）键槽公差

轮毂孔的平键键槽尺寸按 GB/T 1095—2003 标注。

4. 啮合特性表

齿（蜗）轮零件工作图上应编有啮合特性表。表 7-3 为齿轮的啮合特性表，表中列出齿轮的基本参数、精度等级及检验项目等。

表 7-3　啮合特性表

法向模数	m_n
齿数	z
压力角	α
齿顶高系数	h_a^*
螺旋角	β
螺旋线方向	
法向变位系数	x_n
精度等级	
中心距及其极限偏差	$a \pm f_a$
配对齿轮	图号
	齿数
单个齿距偏差	$\pm f_{pt}$
齿距累积总偏差	F_p
齿廓总偏差	F_α
螺旋线总偏差	F_β
径向跳动公差	F_r
公法线及其偏差	W_{kn}
	k

5. 表面粗糙度

齿(蜗)轮零件工作图上还应标注各加工表面的表面粗糙度。

6. 技术要求

齿(蜗)轮零件技术要求的内容包括：

(1) 对材料、热处理、加工(如未注明的倒角、圆角半径)、齿轮毛坯(锻件、铸件)等方面的要求。

(2) 对于大尺寸齿轮或高速齿轮，还应考虑平衡试验的要求。

(3) 齿轮表面作硬化处理时，还应根据设计要求说明硬化方法(如渗碳、氮化等)和硬化层的深度。

任务实施

斜齿圆柱齿轮、蜗轮和直齿锥齿轮的零件工作图见参考图例 6)、8)、9)和 10)。

任务3　箱体类零件工作图

任务目标

箱体零件图设计内容包括：确定视图，进行尺寸、表面粗糙度和几何公差的标注，给出技术要求。

任务分析

1. 视图

箱体类零件工作图一般用三个基本视图表示。为表示箱体内部和外部的结构尺寸，常需增加一些局部剖视图或局部视图。当两孔不在一条轴线上时，可采用阶梯剖表示。

对油标孔、螺栓孔、定位销孔、放油孔等细部结构，可采用局部剖视图表示。

2. 尺寸标注

箱体类尺寸标注远较轴类零件和齿轮类零件复杂，形状多样，尺寸繁多。标注尺寸时，既要考虑铸造、加工工艺及测量的要求，又要多而不乱，一目了然。为此，必须注意以下几点。

(1) 箱体尺寸可分为形状尺寸和定位尺寸。

形状尺寸是表示箱体各部位形状大小的尺寸，如壁厚、各种孔径及深度、圆角半径、槽的深度、螺纹尺寸及箱体长高宽等。形状尺寸应直接标注，而不应有任何运算。

定位尺寸是确定箱体各部位相对于基准的位置尺寸，如孔的中心线、曲线的中心位置及其他有关部位的平面等与基准的距离。定位尺寸应从基准(或辅助基准)直接标注。

(2) 要选好基准。为便于加工和测量，最好采用加工基准作为标注尺寸的基准，如箱座或箱盖的高度方向尺寸最好以剖分面(加工基准面)为基准。如不能用此加工面作为设计基准，应采用计算上比较方便的基准，如箱体的宽度尺寸可以用宽度的对称中心线作为基准。

(3) 对影响机器工作性能的尺寸应直接标出，以保证加工准确性。如箱体孔的中心距及其偏差按齿轮中心距极限偏差$\pm f_a$注出。

(4) 标注尺寸要考虑铸造工艺特点。箱体大多为铸件，因此标注尺寸要便于木模制作。木模常由许多基本形体拼接而成，在基本形状的定位尺寸标出后，其形状尺寸则按自己的基准标注，如检查孔的尺寸标注。

(5) 配合尺寸都应标出其偏差，标注尺寸时应避免出现封闭尺寸链。

(6) 所有圆角、倒角、拔模斜度等都必须标注或在技术要求中说明。

3. 表面粗糙度

箱体的表面粗糙度 Ra 的荐用值见表 7-4。

表 7-4　箱体表面粗糙度 *Ra* 荐用值

加工表面	表面粗糙度 $Ra/\mu m$
箱体剖分面	3.2～1.6
定位销孔	1.6～0.8
与滚动轴承配合的轴承座孔	3.2～1.6
轴承座孔外端面	3.2
箱体底面、油沟及检查孔接触面	12.5～6.3
轴承端盖、套杯及其他配合面	6.3～3.2

4. 几何公差

箱体应标注的几何公差项目见表 7-5。

表 7-5　箱体应标注的几何公差项目

加工表面和标注项目	精度等级	对工作性能的影响
轴承座孔圆柱度	7	影响箱体与轴承的配合及对中性
分箱面的平面度	7	影响箱体剖分面的防渗漏及密合性
轴承座孔端面对中心线的垂直度	7～8	影响轴承固定及轴向受载均匀性
两轴承座孔的同轴度	6～7	影响减速器的装配及载荷分布的均匀性
轴承座孔轴线的平行度	6～7	影响传动件的接触及传动的平稳性

5. 技术要求

箱体类零件技术要求的内容包括：

(1) 对铸件的质量要求，如不允许有砂眼、渗漏现象等。

(2) 箱盖和箱座配作加工（如配作定位销孔、轴承座孔和外端面等）的说明。

(3) 时效处理及对铸件进行清砂、表面防护（如涂漆）的要求。

(4) 对未注明的圆角、倒角、铸造斜度的说明。

(5) 其他必要的说明，如轴承座孔中心线的平行度或垂直度要求在图中未标注时，可在技术要求中注明。

任务实施

减速器箱体(箱盖和箱座)的零件工作图见参考图例 13)和 14)。

思　考　题

1. 零件工作图包含哪些内容？
2. 标注轴的轴向尺寸时应如何选择基准？
3. 绘制轴的零件图时，如何标注轴的尺寸？
4. 轴的零件图一般标注哪些几何公差？
5. 轴的标注尺寸与加工工艺关系如何？

6. 分析轴的几何公差对工作性能的影响？

7. 箱体孔的中心距及其偏差如何标注？

8. 齿轮坯应标注哪些尺寸公差和几何公差？

9. 箱体零件上的尺寸如何标注？

10. 为什么尺寸链不能封闭？

11. 零件图中哪些尺寸需要圆整？

模块八　编写设计计算说明书

任务目标

明确说明书的内容、设计计算说明书的要求与注意事项，编写设计计算说明书。

任务分析

设计计算说明书是图纸设计的理论依据，是设计计算的整理和总结，是审核设计的技术文件之一。因此，编写设计计算说明书是设计工作的一个重要组成部分。

1. 说明书的内容

设计计算说明书的内容视设计任务而定，对于传动装置的设计，主要内容如下：

(1) 目录(标题及页次)；

(2) 设计任务书；

(3) 传动方案的分析与拟定(简要说明并附传动方案简图)；

(4) 电动机的选择计算；

(5) 传动装置的运动及动力参数的选择和计算；

(6) 传动零件的设计计算；

(7) 轴的计算；

(8) 滚动轴承的选择和计算；

(9) 键连接的选择和计算；

(10) 联轴器的选择；

(11) 热平衡的计算(对于蜗杆减速器而言)；

(12) 减速器的润滑方式和密封类型的选择，润滑油的牌号选择和装油量计算；

(13) 设计小结(对课程设计的体会，设计的优缺点和改进意见等)；

(14) 参考资料(资料编号、作者、书名、出版单位和出版年份)。

2. 设计计算说明书的要求与注意事项

设计计算说明书要求计算正确、论述清楚、文字精练、插图简明、书写工整。注意下列事项：

(1) 计算内容的书写，只需列出计算公式，代入有关数据，最后写出计算结果并标明单位，写出简短的结论或说明。不必列出运算过程。

(2) 所引用的计算公式和数据应注明来源：参考文献的编号和页码。所选主要参数、尺寸和规格以及主要的计算结果，可写在右侧留出的宽 25mm 的长框中，或集中写于相应的计算之内，也可以采用表格形式，如各轴的运动和动力参数等，可列表写出。

(3) 为了清楚地说明计算内容，说明书中应附有必要的简图（如传动方案简图、轴的结构简图、受力图、弯矩图和转矩图等）。

(4) 对每一自成单元的内容，都应列出大小标题，使之突出醒目。

(5) 对计算结果，应有简短的结论，如强度计算中应力计算的结论："低于许用应力""在规定的范围内"等，也可以用不等式表示。如计算结果与实际所取值相差较大，应作简短解释，并说明原因。

设计计算说明书要用钢笔或圆珠笔写在规定格式的 A4 纸上，标出页码，编好目录，最后装订成册。封面和说明书用纸格式如图 8-1 所示。

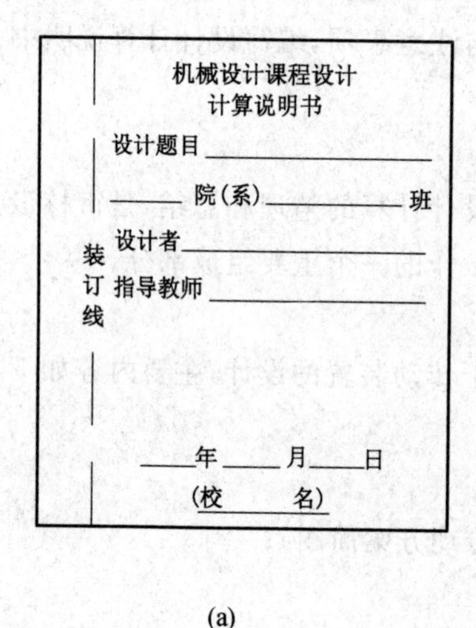

(a)

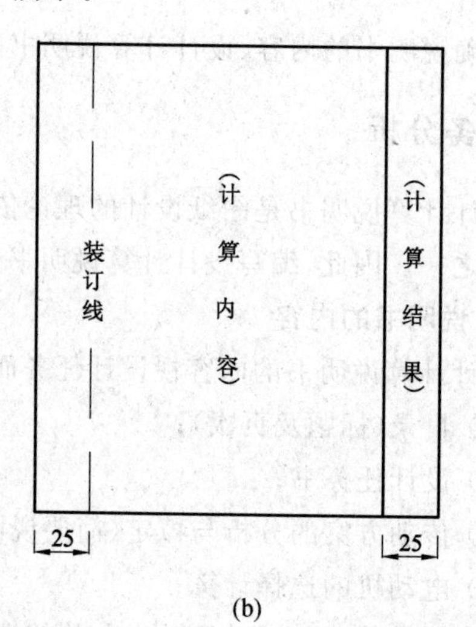

(b)

图 8-1 封面及说明书格式

(a) 封面；(b) 说明书

模块九　课程设计答辩

任务目标

对课程设计的内容进行总结；准备答辩。

任务分析

1. 总结课程设计内容

答辩是课程设计最后一个重要环节。通过准备答辩，可系统地回顾和总结下面的内容：方案确定、受力分析、材料选择、工作能力计算、主要参数及尺寸确定、结构设计、设计资料和标准的运用，工艺性、使用、维护等各方面的知识；全面分析本次设计的优缺点，发现今后在设计中应注意的问题；初步掌握机械设计的方法和步骤，提高分析和解决工程实际问题的能力。

答辩前总结的内容应以设计任务书为主要依据，评估自己的设计结构是否满足设计任务书中的要求，客观分析自己设计过程中的优缺点。具体内容包括以下五个方面：

(1) 分析总体设计方案的合理性；

(2) 分析零部件结构设计及计算的准确性；

(3) 认真检查设计的装配图、零件图中是否存在问题，着重检查轴系部件结构设计是否合理；

(4) 检查其计算部分所用的公式及数据来源是否可靠，结果是否正确；

(5) 通过课程设计，总结自己在哪些方面有较大提高，并对不足之处进行分析和评价。

2. 准备答辩

在学生系统总结的基础上，通过答辩，找出设计计算和图纸中存在的问题，进一步把还不甚懂或尚未考虑到的问题搞清楚，扩大设计中取得的收获，以达到课程设计的目标和要求。

(1) 答辩前须完成全部设计工作量；

(2) 在答辩前，应将装订好的设计计算说明书、叠好的图纸一起装入袋内，准备进行答辩，图纸折叠要求如图 9-1 所示；

(3) 答辩前参考本教材的思考题，结合自己的设计内容，认真思考、回顾、总结。

3. 答辩

设计答辩工作，应对每个学生单独进行，根据设计图纸、设计计算说明书和答辩人回答问题的情况，并考虑设计过程中的表现评定成绩。

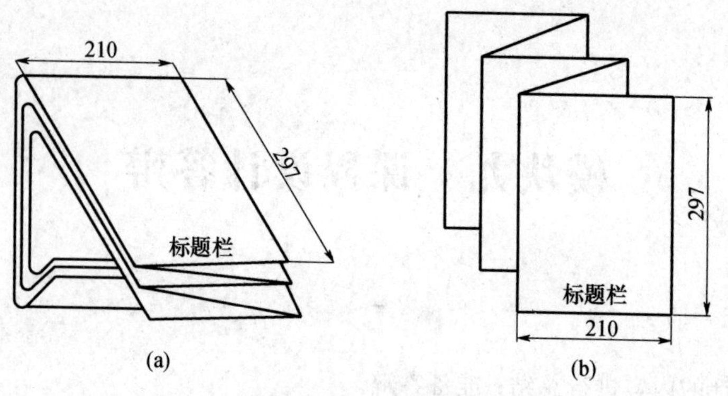

图 9-1　图纸折叠

任务实施

参照本教材中的思考题准备答辩。

附录　设计题目及参考图例

1. 压片机传动装置

1）设计题目

按照给定的工艺参数，设计压片机的传动参数（各杆的长度自己确定），按学号顺排，不许自行换题。

工艺参数

组别	冲头压力 /kN	生产效率 /(片/min)	冲头行程 /mm	原　动　机	传 动 方 式
1	120	35	70	三相交流异步电动机	二级斜齿圆柱齿轮减速器
2	125	30	70	三相交流异步电动机	二级斜齿圆柱齿轮减速器
3	130	30	75	三相交流异步电动机	二级斜齿圆柱齿轮减速器
4	135	25	75	三相交流异步电动机	二级斜齿圆柱齿轮减速器
5	140	20	80	三相交流异步电动机	二级斜齿圆柱齿轮减速器
6	110	40	90	三相交流异步电动机	二级斜齿圆柱齿轮减速器
7	105	45	90	三相交流异步电动机	二级斜齿圆柱齿轮减速器
8	100	50	90	三相交流异步电动机	二级斜齿圆柱齿轮减速器
9	95	45	80	三相交流异步电动机	二级斜齿圆柱齿轮减速器
10	90	45	80	三相交流异步电动机	二级斜齿圆柱齿轮减速器
11	80	50	90	三相交流异步电动机	蜗杆减速器
12	75	50	90	三相交流异步电动机	蜗杆减速器
13	70	55	95	三相交流异步电动机	蜗杆减速器
14	65	60	100	三相交流异步电动机	蜗杆减速器

注：工作机压片的功率为回转一周的功率

2）设计任务

（1）传动方案设计：

① 高速级采用 V 带传动，低速级采用二级斜齿圆柱齿轮减速器；

② 高速级采用蜗杆减速器，低速级采用链传动。

（2）传动零部件设计。设计 V 带传动、二级斜齿圆柱齿轮减速器或蜗杆减速器、链传动。

（3）绘制装配图和零件图：

① 减速器装配草图 1 张（用 A1 图纸）；

② 减速器装配图 1 张，要标注相应的尺寸及技术要求（用 A0 图纸）；

③ 零件图 3 张（轴、齿轮、带轮或链轮），要标注公差、材料及热处理要求（用 A2 图纸）。

（4）设计计算说明书 1 份，必须手写，要求写出所有的计算过程和计算结果，以及列出使用的参考文献（插图应当清晰工整）。计算说明书页面设置：A4 尺寸，上、下边距 5mm，左边距 25mm，右边距 30mm。

3）答辩

课程设计答辩。

2. 带式输送机传动装置

1）设计要求

设计用于带式输送机的传动装置。

连续单向运转，载荷较平稳，空载启动，输送带速允许误差为 5%。

使用期限为 10 年，小批量生产，两班制工作。

2）原始技术数据

数据编号	1	2	3	4	5	6	7	8	9	10
输送带工作拉力 F/N	1100	1150	1200	1250	1300	1350	1450	1500	1500	1600
输送带工作速度 v/(m/s)	1.5	1.6	1.7	1.5	1.55	1.6	1.55	1.65	1.7	1.8
卷筒直径 D/mm	250	260	270	240	250	260	250	260	280	300

3）设计任务

（1）完成带式输送机传动方案的设计和论证，绘制总体设计原理方案图。

（2）完成传动装置的结构设计。

（3）完成装配图 1 张（用 A0 或 A1 图纸）。

（4）编写设计说明书 1 份。

3. 单级圆柱齿轮减速器的装配草图设计

1）草图初步

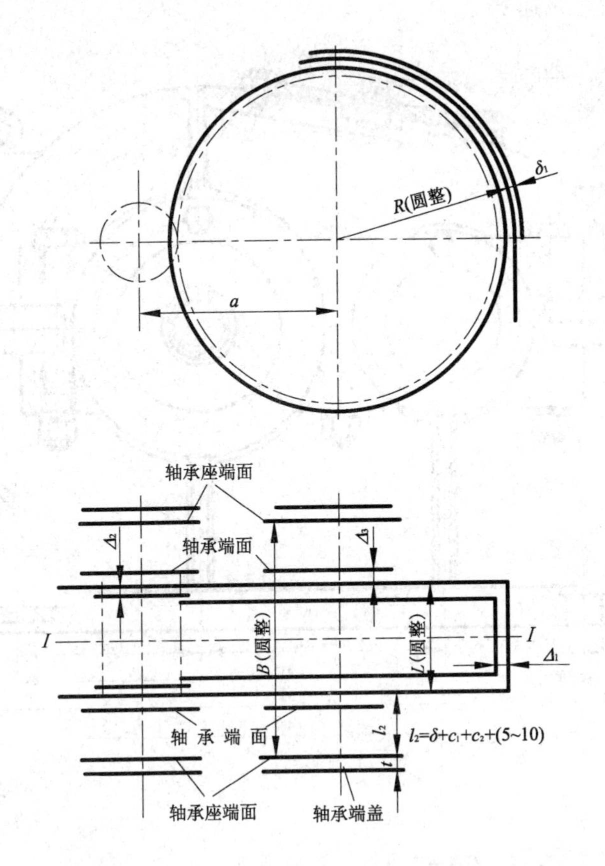

2）装配草图

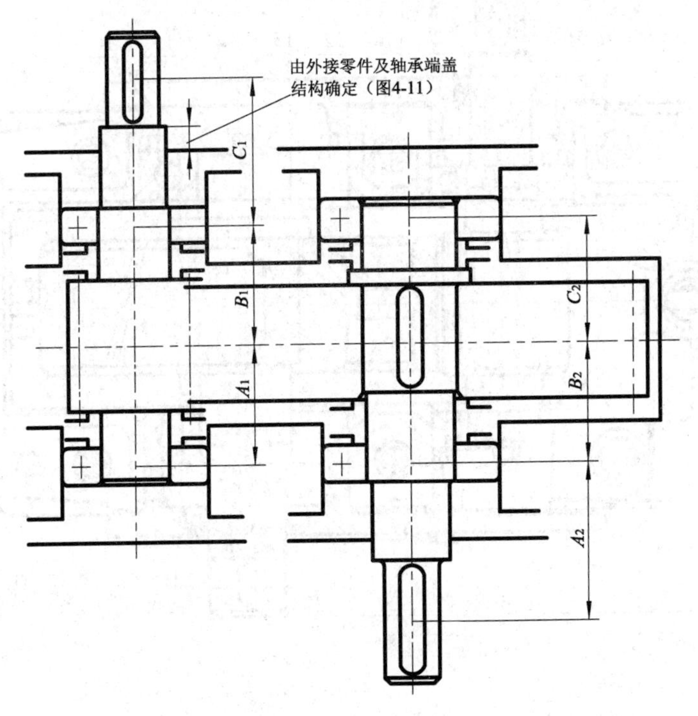

4. 参考图例

1）单级圆柱齿轮减速器

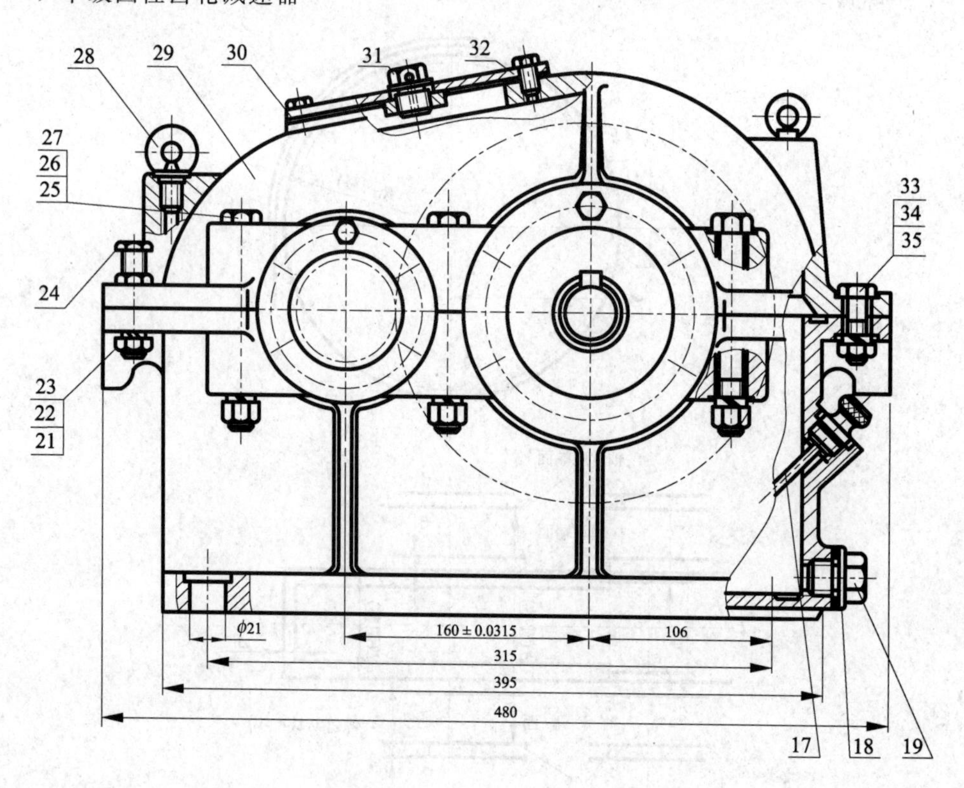

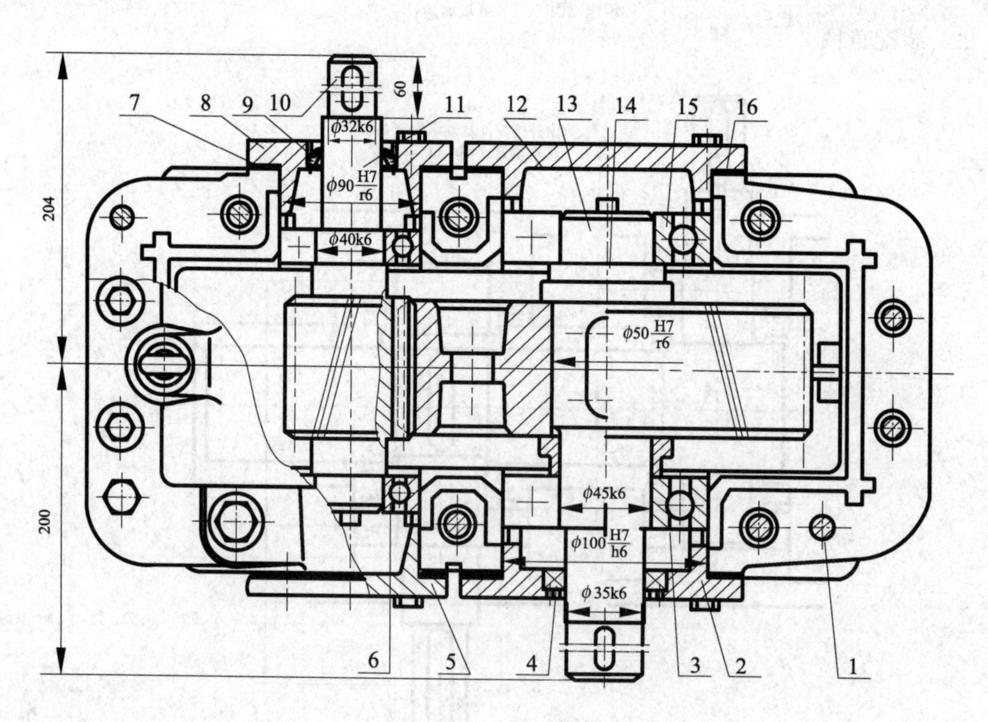

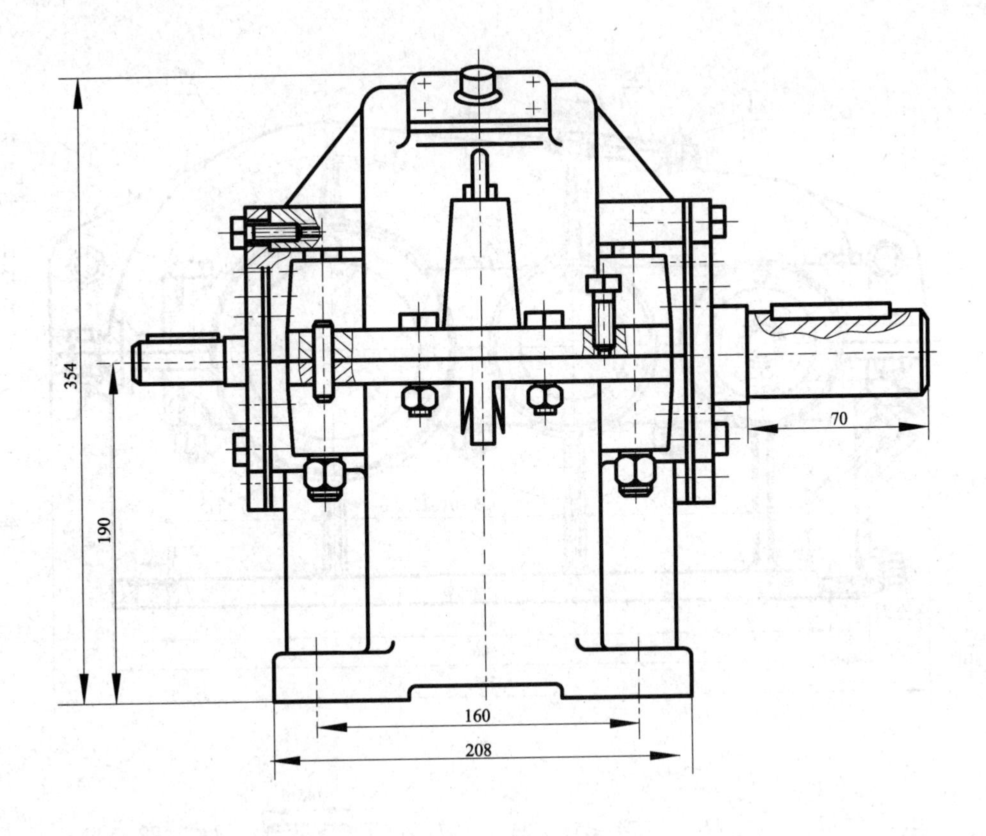
354
190
70
160
208

2）二级圆柱齿轮减速器

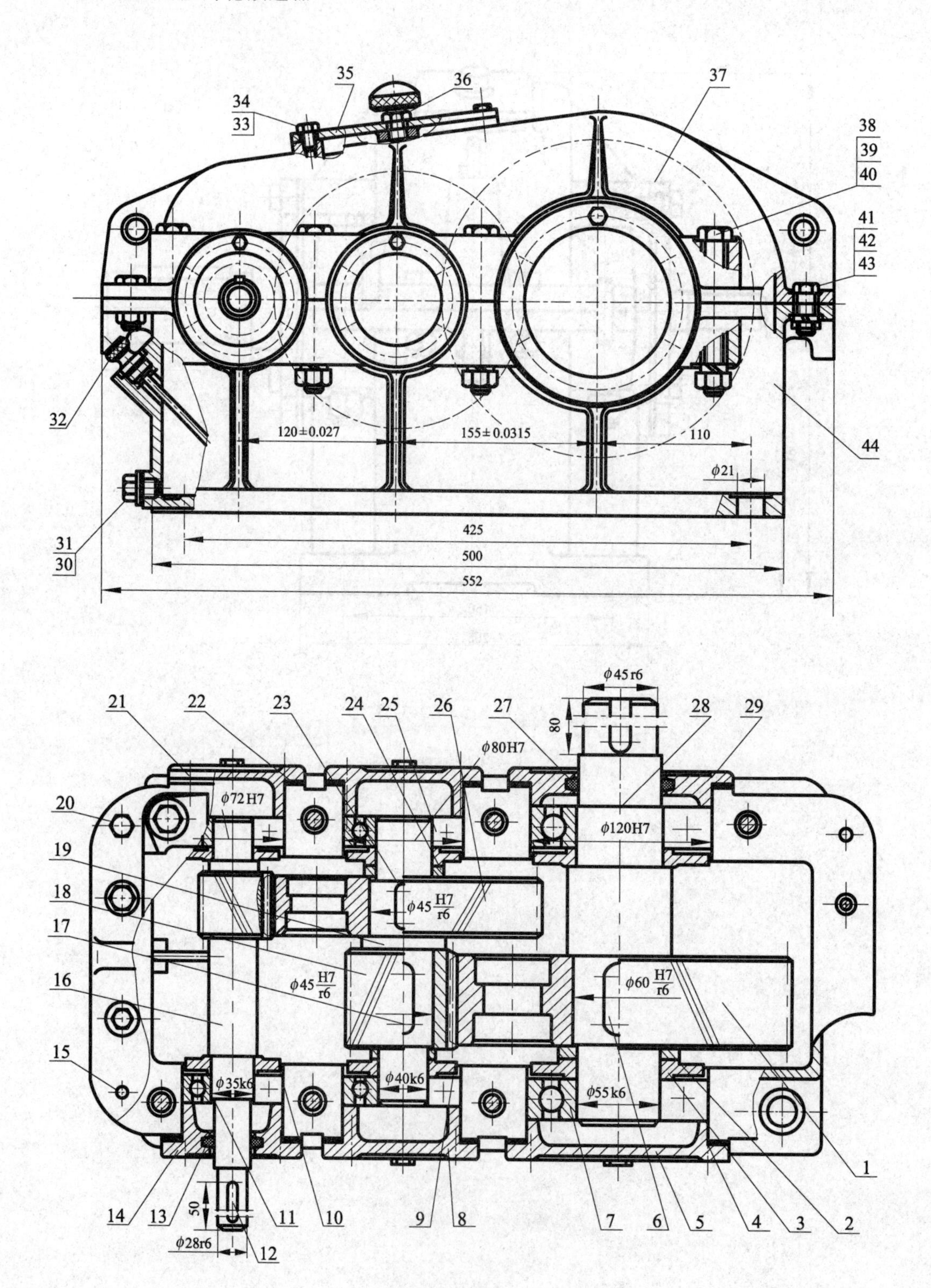

35
36
37
34
33
38
39
40
41
42
43
32
120±0.027
155±0.0315
110
44
ϕ21
31
30
425
500
552
ϕ45r6
80
21
22
23
24
25
26
27
28
29
ϕ80H7
ϕ72H7
ϕ120H7
20
19
ϕ45 H7/r6
18
17
ϕ45 H7/r6
ϕ60 H7/r6
16
15
ϕ35k6
ϕ40k6
ϕ55k6
50
ϕ28r6
14
13
11
10
9
8
7
6
5
4
3
2
1
12

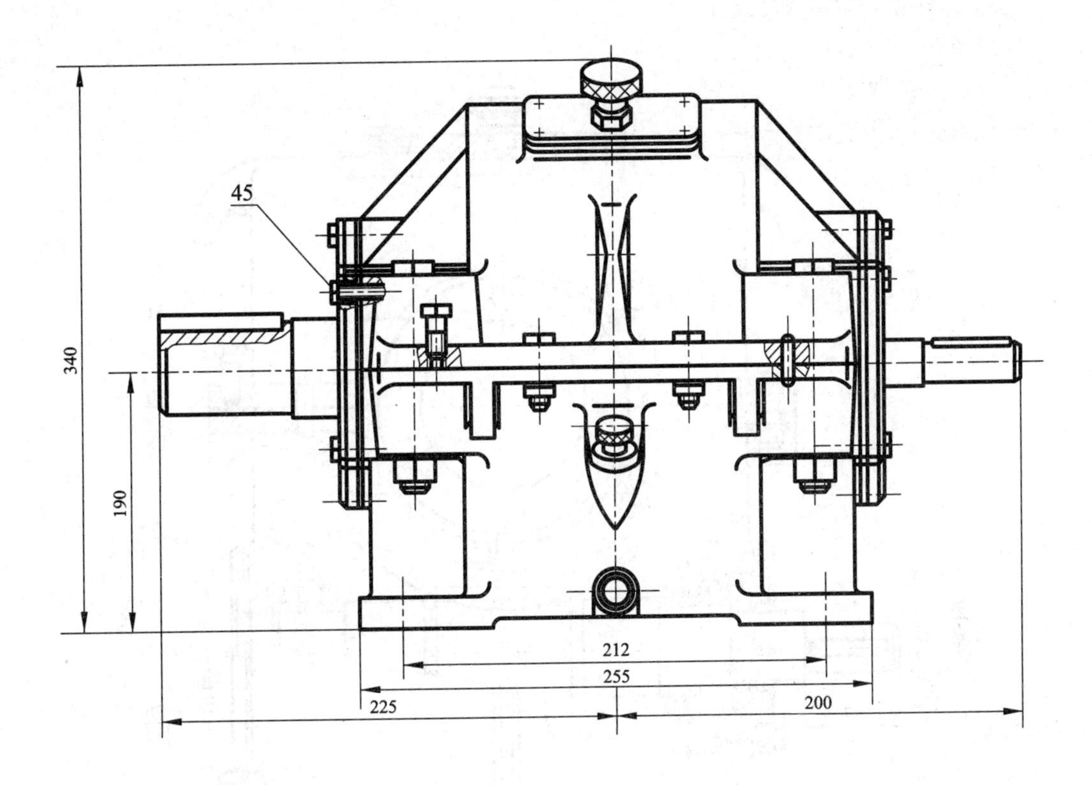

技术特性

输入功率	输入转速	效率 η	总传动比 i	级别	m_n	z_1	z_2	β
5.58 kW	1450 r/min	0.87	11	高速	1.5	30	114	10°56′33″
				低速	3.0	26	76	9°12′51″

技术要求

1. 在装配前所有零件用煤油清洗，滚动轴承用汽油清洗，箱体内不允许有任何杂物存在。
2. 调整、固定轴承时应留轴向隙，Δ=0.25～0.4mm。
3. 箱体内装全损耗系统用油L-AN68至规定高度。
4. 减速器剖分面、各接触面及密封处均不允许漏油，剖分面允许涂以密封胶或水玻璃，不允许使用垫片。
5. 接触斑点沿齿高不小于45%，沿齿长不小于60%。
6. 减速器外表面涂灰色油漆。

序号	代号	名称	数量	材料	单件重量	总计重量	备注
...	...						
16		高速轴	1	45			
15	GB/T 117–2000	销 A8×30	2	HT150			
14		透　盖	1				
13		毡圈油封	1	半粗羊毛毡			
12	GB/T 1096–1979(90)	键 8×56	1	45			
11	GB/T 292–1994	滚动轴承7207C	2				成对使用
10		挡油环	2	Q235A			
9		挡油环	2	Q235A			
8		轴承端盖	2	HT150			
7	GB/T 292–1994	滚动轴承7311C	2				成对使用
6	GB/T 1096–1979(90)	键 18×56	1	45			
5		轴承端盖	1	HT150			
4		调整垫片	2	08F			成组使用
3		挡油环	2	Q235A			
2		套　筒	1	Q235A			
1		齿　轮	1	45			

标记	处数	分区	更改文件号	签名	年、月、日	装配图			（单位名称）
设计	（签名）	（年月日）	标准化	（签名）	（年月日）	阶段标记	重量	比例	二级圆柱齿轮减速器
审核									（图样代号）
工艺			批准			共 张 第 张			

3）单级蜗杆减速器（蜗杆下置）

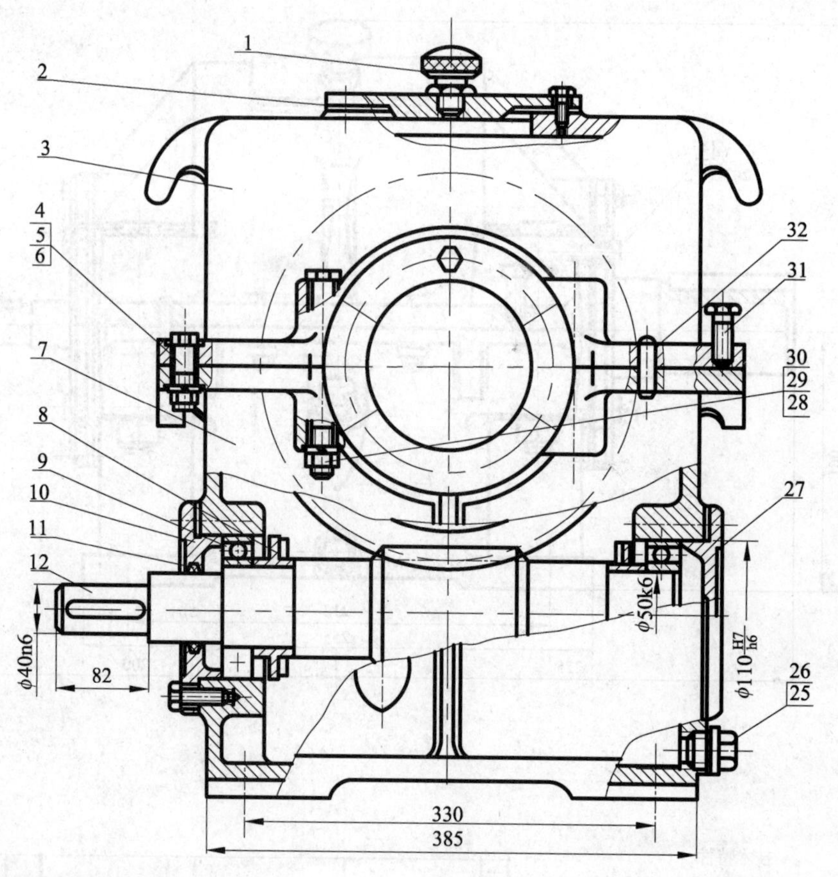

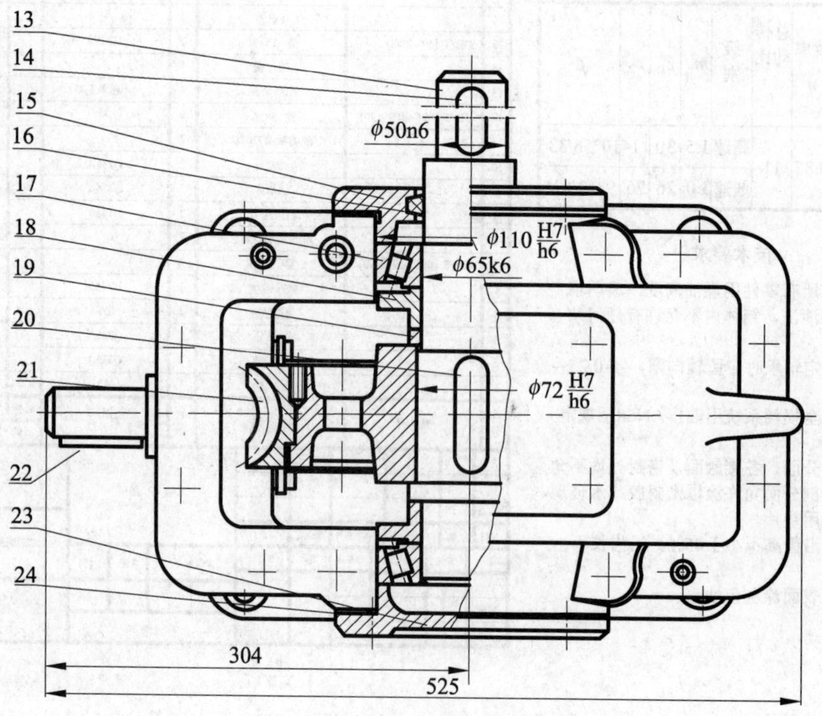

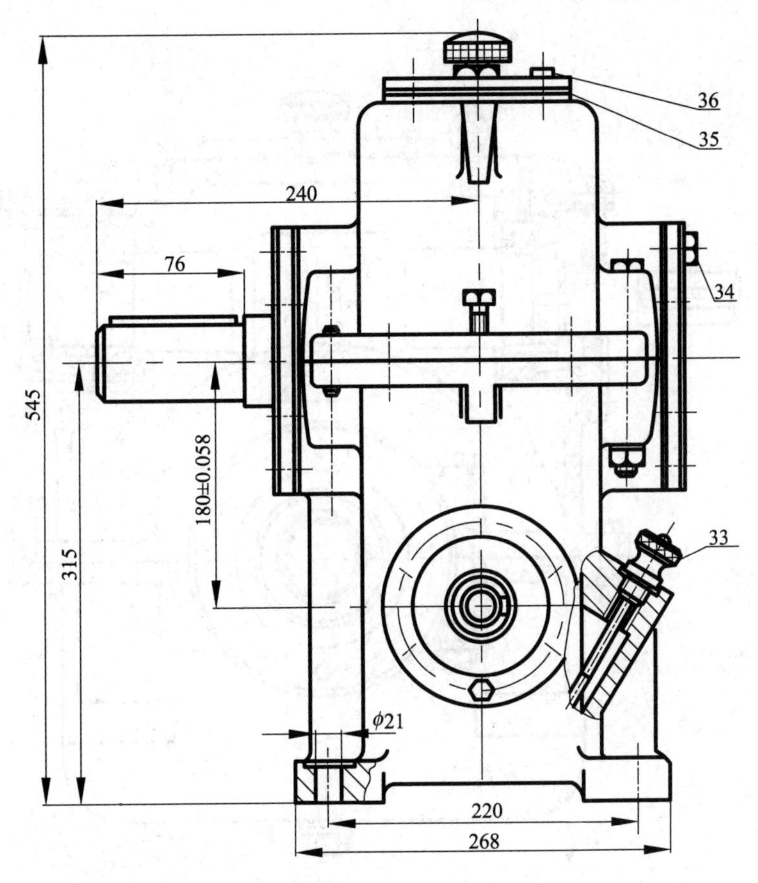

技术特性

输入功率	P	4kW
输入转速	n	960r/min
传动比	i	19
传动效率	η	0.82
精度等级	传动8c GB10089—1988	

技术要求

1. 零件装配前用煤油清洗，滚动轴承用汽油清洗。
2. 保持侧隙不小于0.115mm。
3. 蜗杆轴与蜗轮轴上轴承轴向游隙为0.25~0.4mm。
4. 涂色检查接触斑点，沿齿高不小于55%，沿齿长不小于50%。
5. 空载试验，在n_1=1000r/min、L-AN68润滑油条件下进行，正反转各1h，要求减速器平稳，无撞击声，温升不大于60℃，无漏油。
6. 箱体外表面涂深灰色油漆，内表面涂耐油油漆。
7. 箱内装全损耗系统用油L-AN68至规定高度。

…		…					
14	GB/T 1096—1990	键14×56	1	45			
13		蜗轮轴	1	45			
12		蜗杆轴	1	45			
11	GB13871—1992	内包骨架唇形密封圈	1	耐油橡胶			
10		透　盖	1	HT200			
9	GB/T 292—1994	滚动轴承 7310C	2				成对使用
8		溅油轮	2	Q235A			
7		箱　体	1	HT200			
6	GB/T 93—1987	弹簧垫圈 10	4	65Mn			
5	GB/T 6170—2000	螺母 M10	4	8级			
4	GB/T 5783—2000	螺栓M10×35	4	8.8级			
3		箱　盖	1	HT200			
2		检查孔盖	1	HT200			
1		通气器	1				
序号	代　号	名　称	数量	材　料	单件 重量	总计 重量	备　注

						装配图			（单位名称）
标记	处数	分区	更改文件号	签名	年、月、日				单级蜗杆减速器
设计	（签名）	（年月日）	标准化	（签名）	（年月日）	阶段标记	重量	比例	
审核									（图样代号）
工艺			批准			共 张 第 张			

4）单级蜗杆减速器（蜗杆上置）

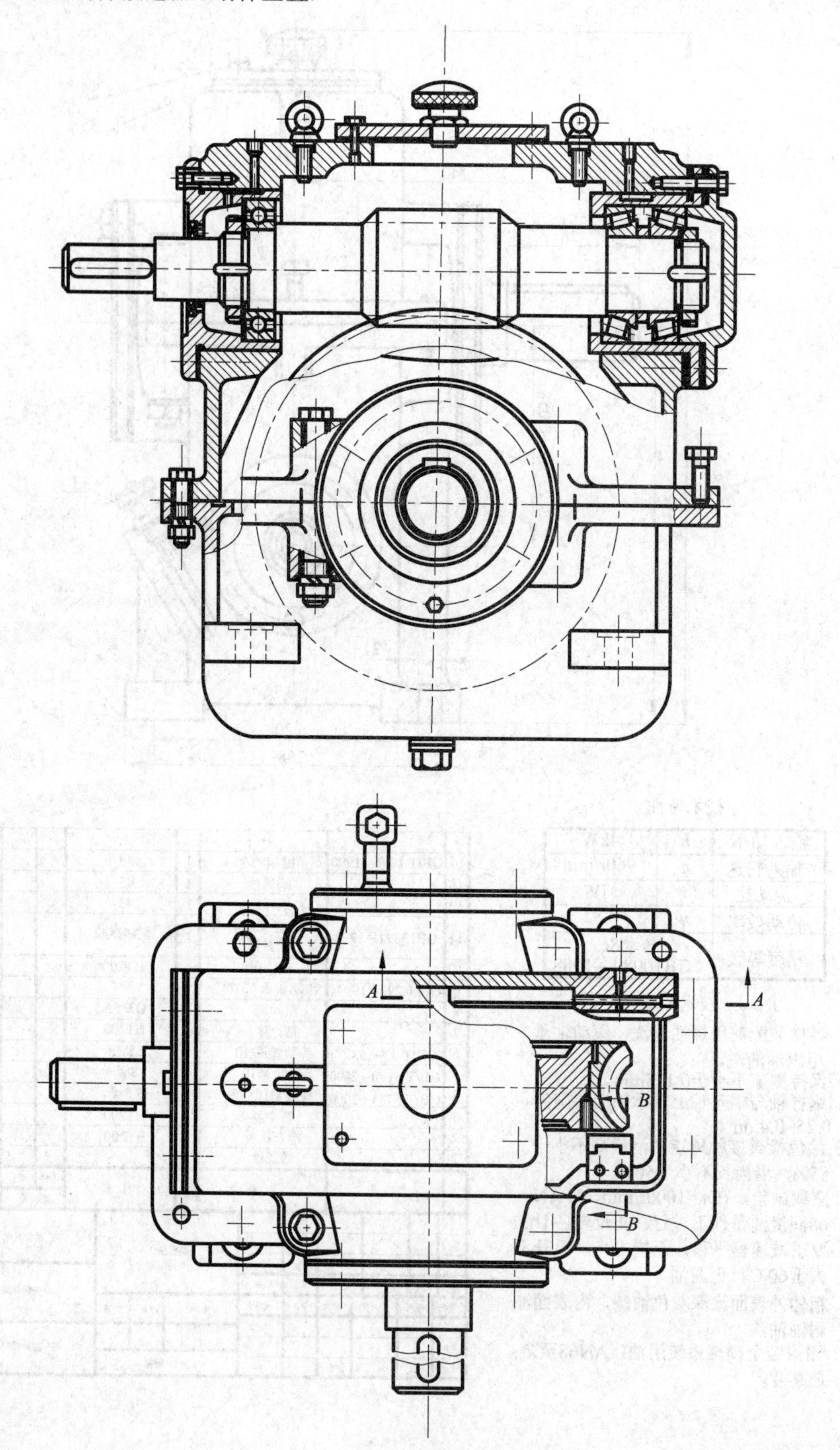

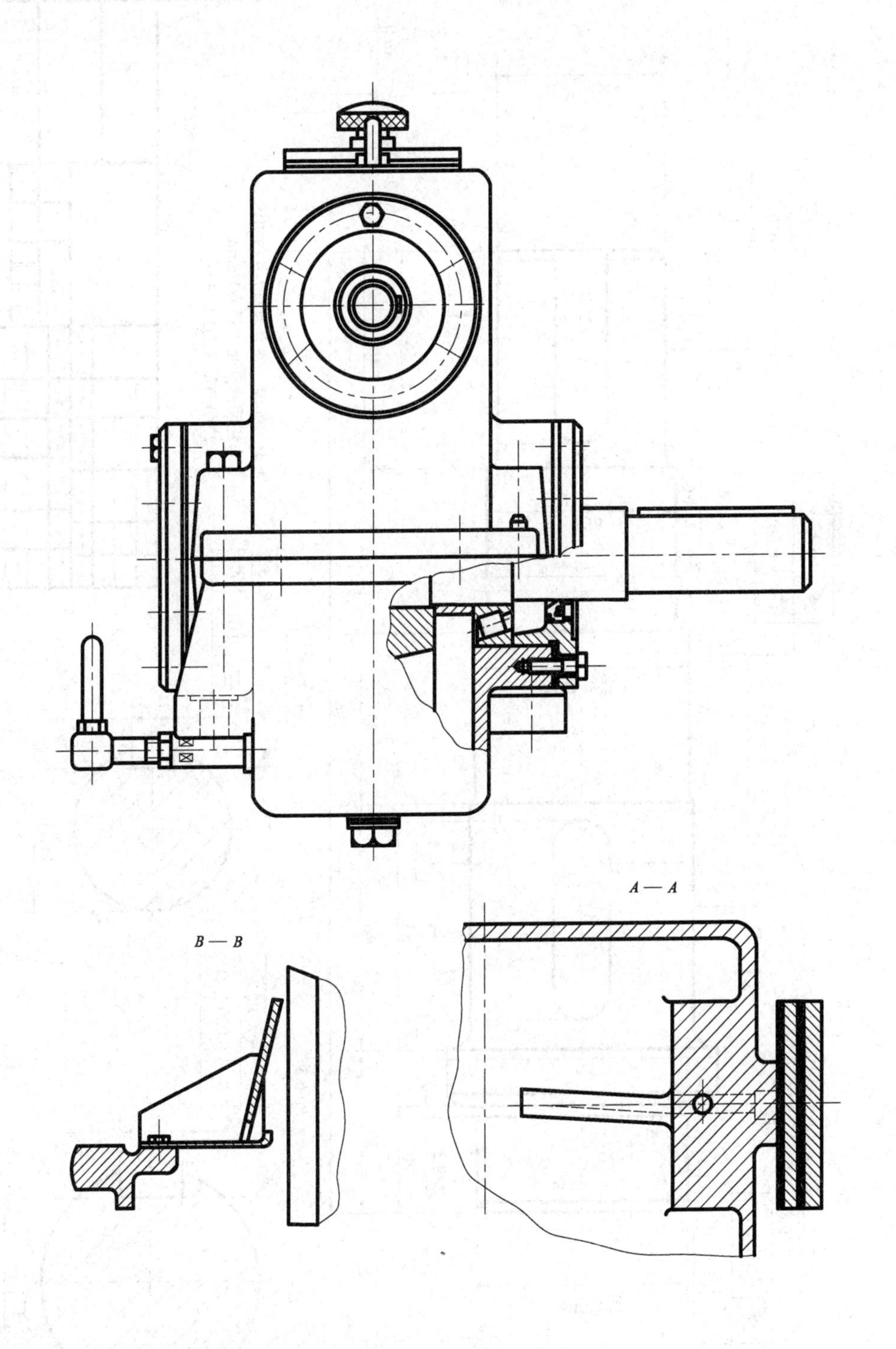
A — A
B — B

5）轴类零件工作图

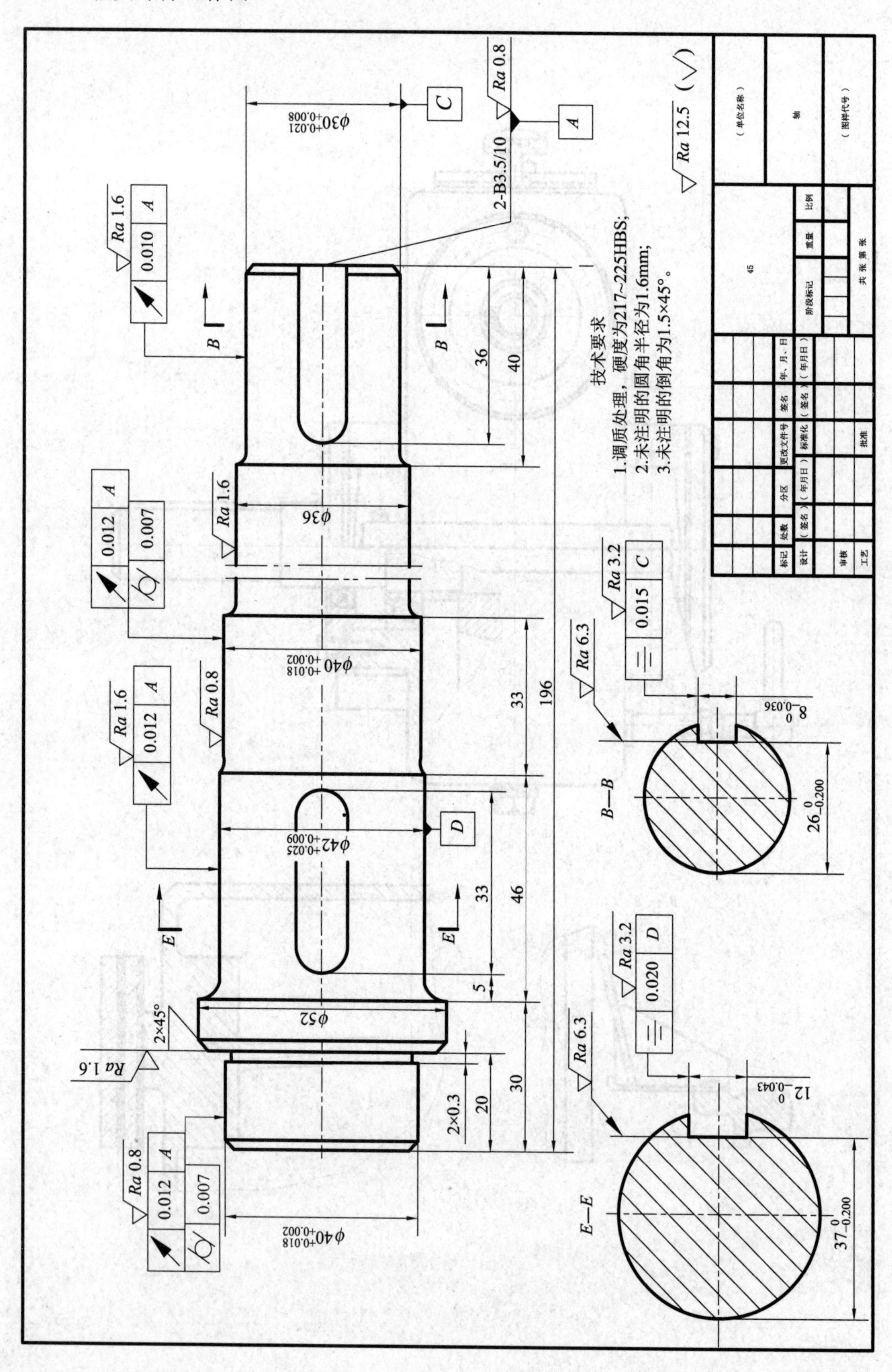
技术要求
1.调质处理，硬度为217~225HBS;
2.未注明的圆角半径为1.6mm;
3.未注明的倒角为1.5×45°。
B—B
E—E
2-B3.5/10
2×45°
2×0.3
196
45
轴

6）斜齿圆柱齿轮零件工作图

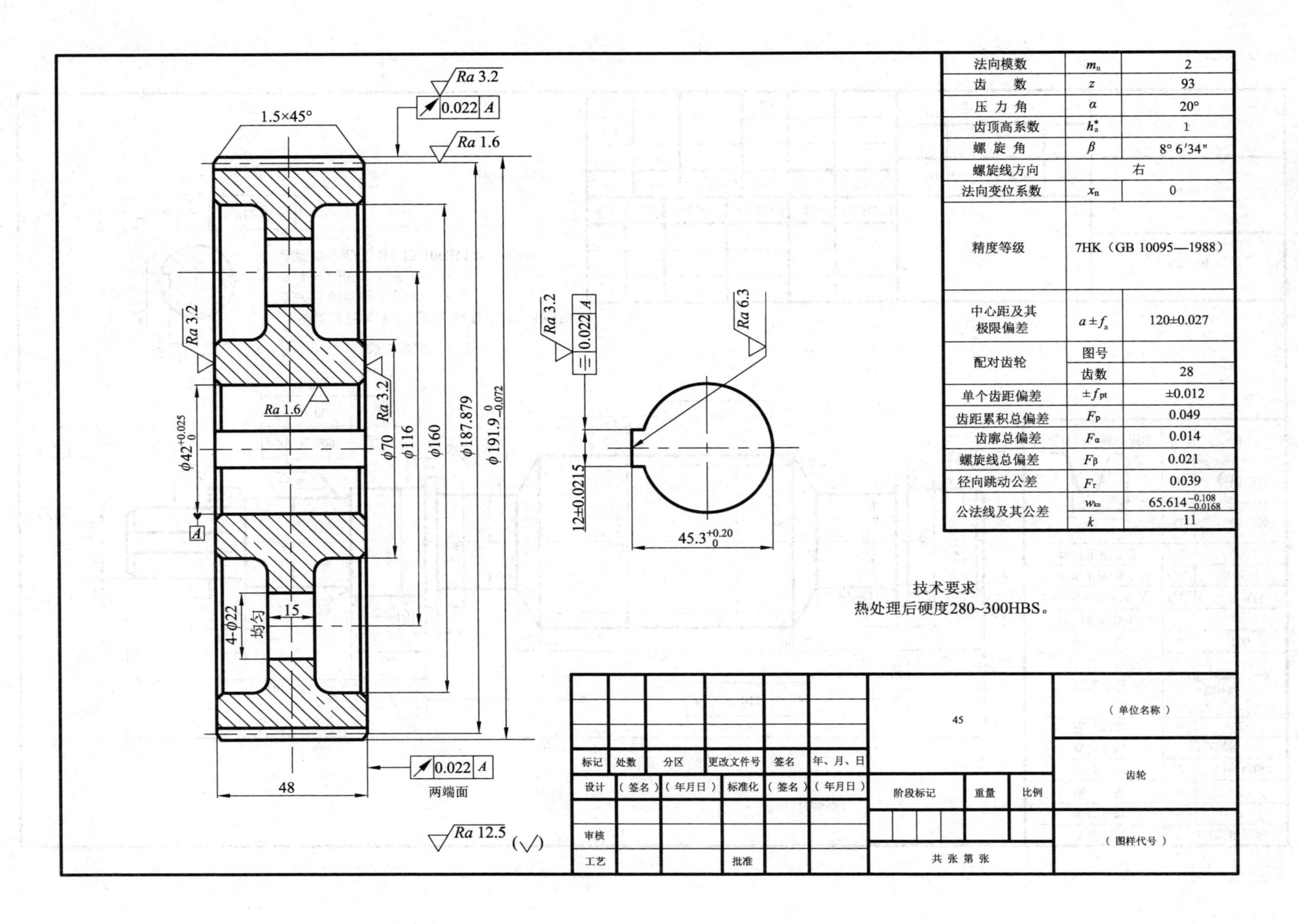

7）蜗杆零件工作图

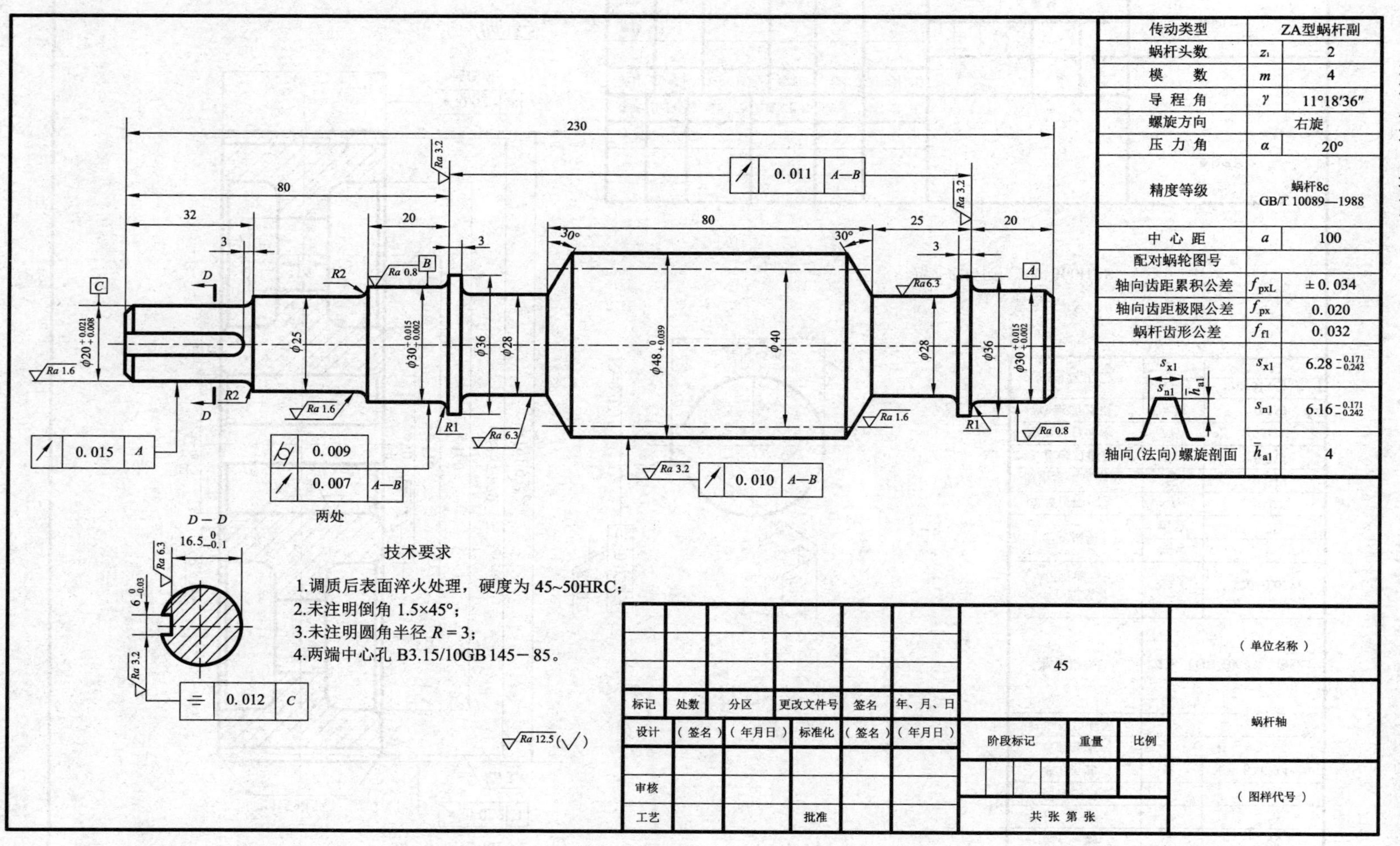

传动类型 ZA型蜗杆副
蜗杆头数 z_1 2
模数 m 4
导程角 γ 11°18′36″
螺旋方向 右旋
压力角 α 20°
精度等级 蜗杆8c GB/T 10089—1988
中心距 a 100
配对蜗轮图号
轴向齿距累积公差 f_{pxL} ±0.034
轴向齿距极限公差 f_{px} 0.020
蜗杆齿形公差 f_{f1} 0.032
s_{x1} $6.28^{-0.171}_{-0.242}$
s_{n1} $6.16^{-0.171}_{-0.242}$
$\bar{h}_{a1}$ 4
轴向(法向)螺旋剖面
两处
D－D
技术要求
1.调质后表面淬火处理，硬度为45~50HRC；
2.未注明倒角 1.5×45°；
3.未注明圆角半径 R=3；
4.两端中心孔 B3.15/10GB 145－85。
45
（单位名称）
蜗杆轴
（图样代号）
标记 处数 分区 更改文件号 签名 年、月、日
设计 （签名）（年月日）标准化（签名）（年月日）
阶段标记 重量 比例
审核
工艺 批准
共 张 第 张

8）蜗轮部件装配图

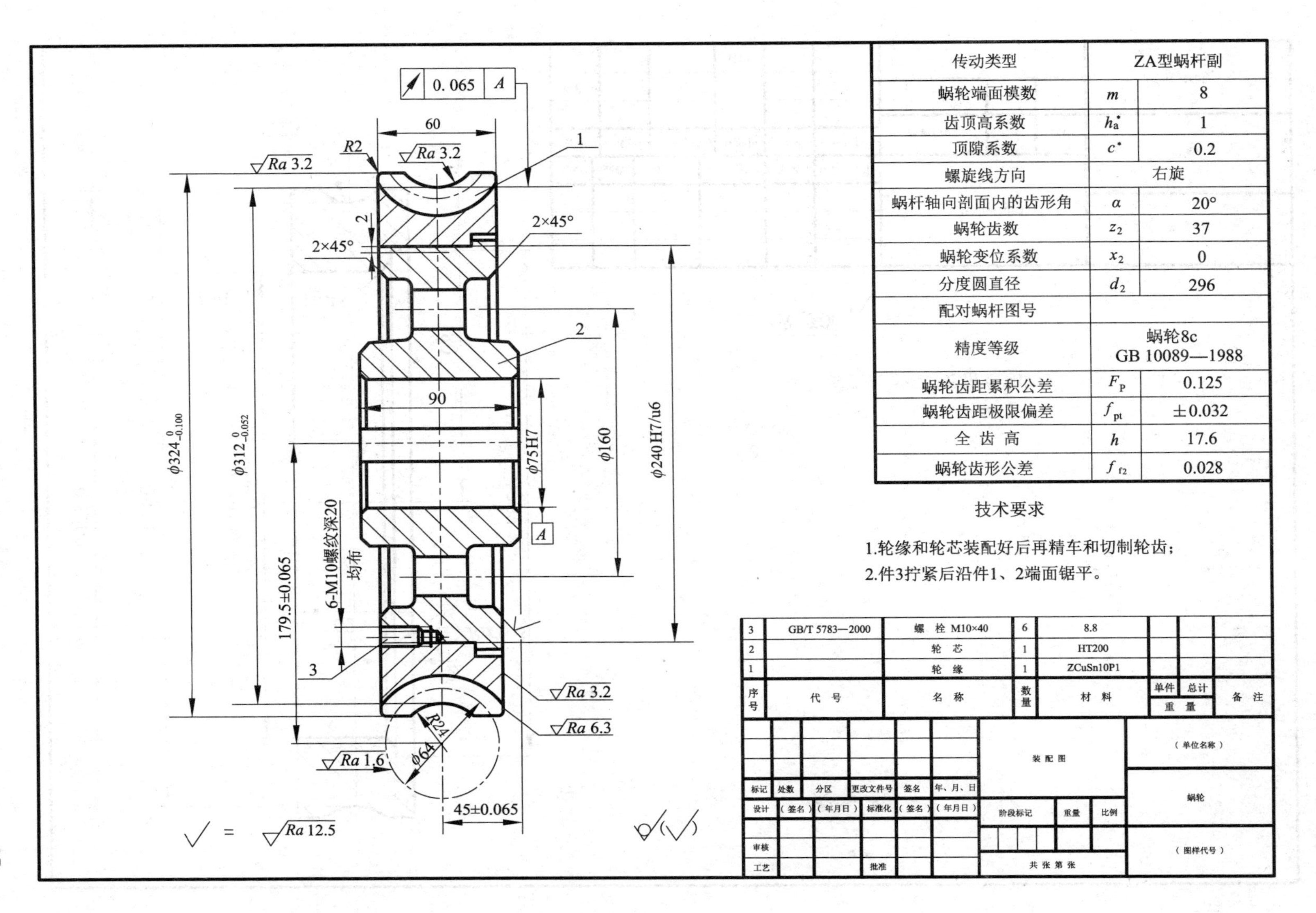
传动类型 ZA型蜗杆副
蜗轮端面模数 m 8
齿顶高系数 h_a^* 1
顶隙系数 c^* 0.2
螺旋线方向 右旋
蜗杆轴向剖面内的齿形角 α 20°
蜗轮齿数 z_2 37
蜗轮变位系数 x_2 0
分度圆直径 d_2 296
配对蜗杆图号
精度等级 蜗轮8c GB 10089—1988
蜗轮齿距累积公差 F_p 0.125
蜗轮齿距极限偏差 f_{pt} ±0.032
全 齿 高 h 17.6
蜗轮齿形公差 f_{f2} 0.028
技术要求
1.轮缘和轮芯装配好后再精车和切制轮齿；
2.件3拧紧后沿件1、2端面锯平。
3 GB/T 5783—2000 螺 栓 M10×40 6 8.8
2 轮 芯 1 HT200
1 轮 缘 1 ZCuSn10P1
序号 代 号 名 称 数量 材 料 单件 总计 重 量 备 注
标记 处数 分区 更改文件号 签名 年、月、日
设计 (签名) (年月日) 标准化 (签名) (年月日)
审核
工艺 批准
装 配 图
阶段标记 重量 比例
共 张 第 张
(单位名称)
蜗轮
(图样代号)
0.065 A
60
R2
Ra 3.2
1
2
2×45°
90
φ75H7
A
φ160
φ240H7/u6
φ324
φ312
179.5±0.065
6-M10螺纹深20
均布
3
Ra 6.3
R24
φ64
Ra 1.6
45±0.065
Ra 12.5

9）蜗轮零件工作图

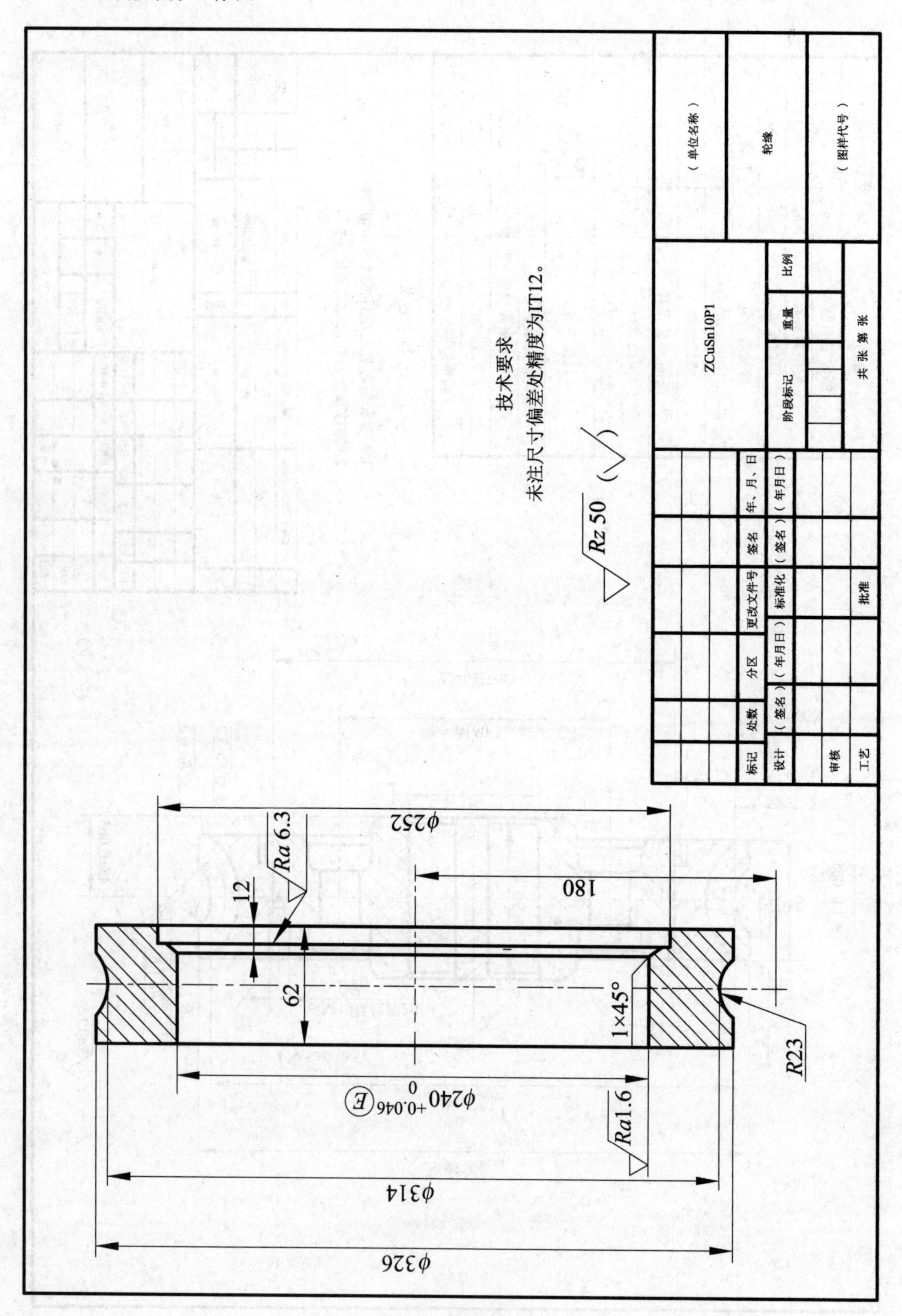
技术要求
未注尺寸偏差处精度为IT12。
Rz 50
(单位名称)
轮缘
(图样代号)
ZCuSn10P1
阶段标记
重量
比例
共 张 第 张
标记
处数
分区
更改文件号
签名
年、月、日
设计
(签名)
(年月日)
标准化
(签名)
(年月日)
审核
工艺
批准
φ252
Ra 6.3
12
180
62
1×45°
R23
φ240
+0.046
0
E
Ra1.6
φ314
φ326

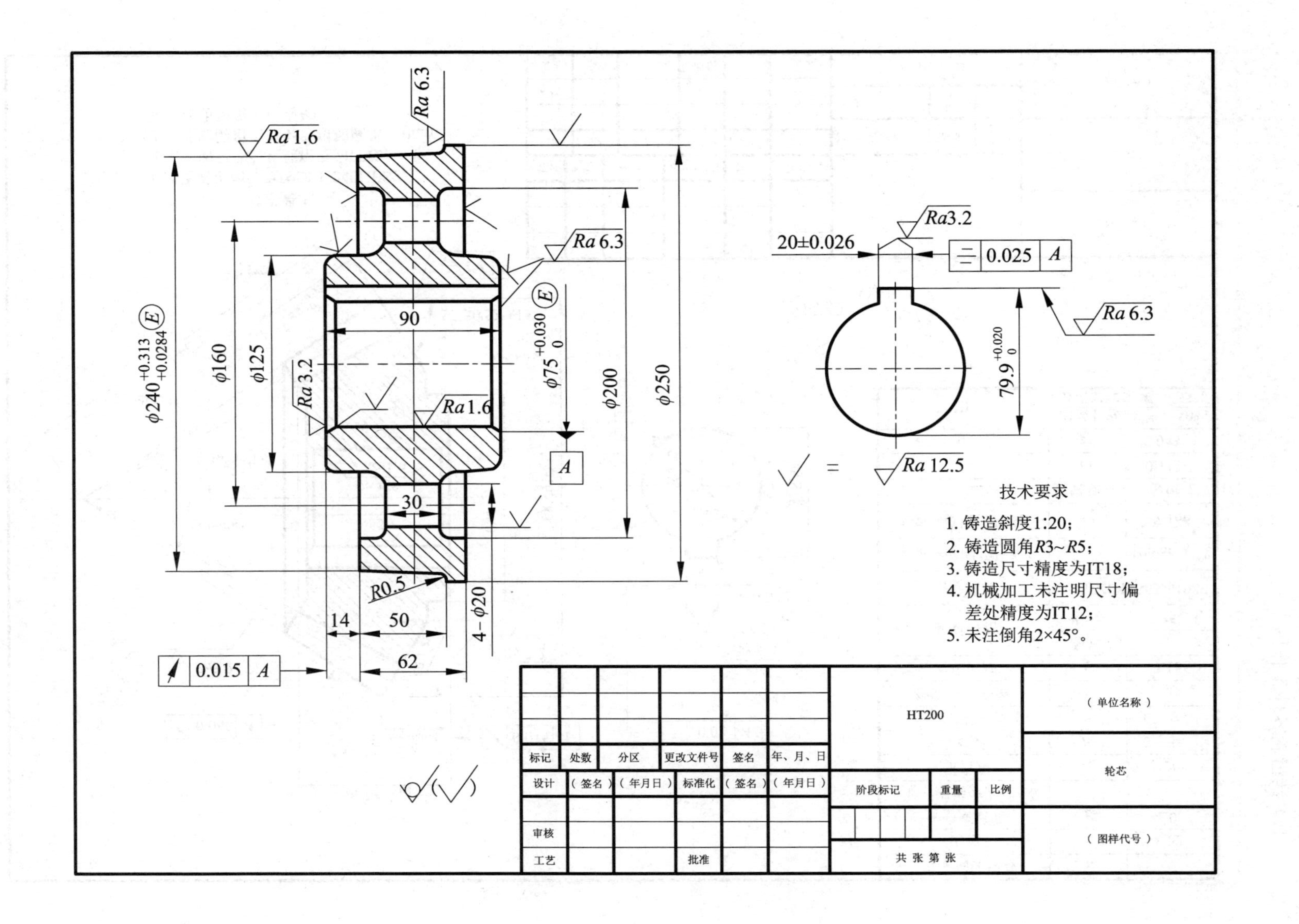
Ra 6.3
Ra 1.6
Ra 6.3
Ra 3.2
Ra 1.6
90
30
φ240$^{+0.313}_{+0.0284}$ Ⓔ
φ160
φ125
φ75$^{+0.030}_{0}$ Ⓔ
φ200
φ250
A
R0.5
4−φ20
14
50
62
0.015 A
Ra3.2
20±0.026
⌯ 0.025 A
Ra 6.3
79.9$^{+0.020}_{0}$
= Ra 12.5
技术要求
1. 铸造斜度1:20；
2. 铸造圆角R3~R5；
3. 铸造尺寸精度为IT18；
4. 机械加工未注明尺寸偏差处精度为IT12；
5. 未注倒角2×45°。
标记
处数
分区
更改文件号
签名
年、月、日
设计
（签名）
（年月日）
标准化
（签名）
（年月日）
审核
工艺
批准
HT200
阶段标记
重量
比例
共 张 第 张
（单位名称）
轮芯
（图样代号）

10）锥齿轮零件工作图

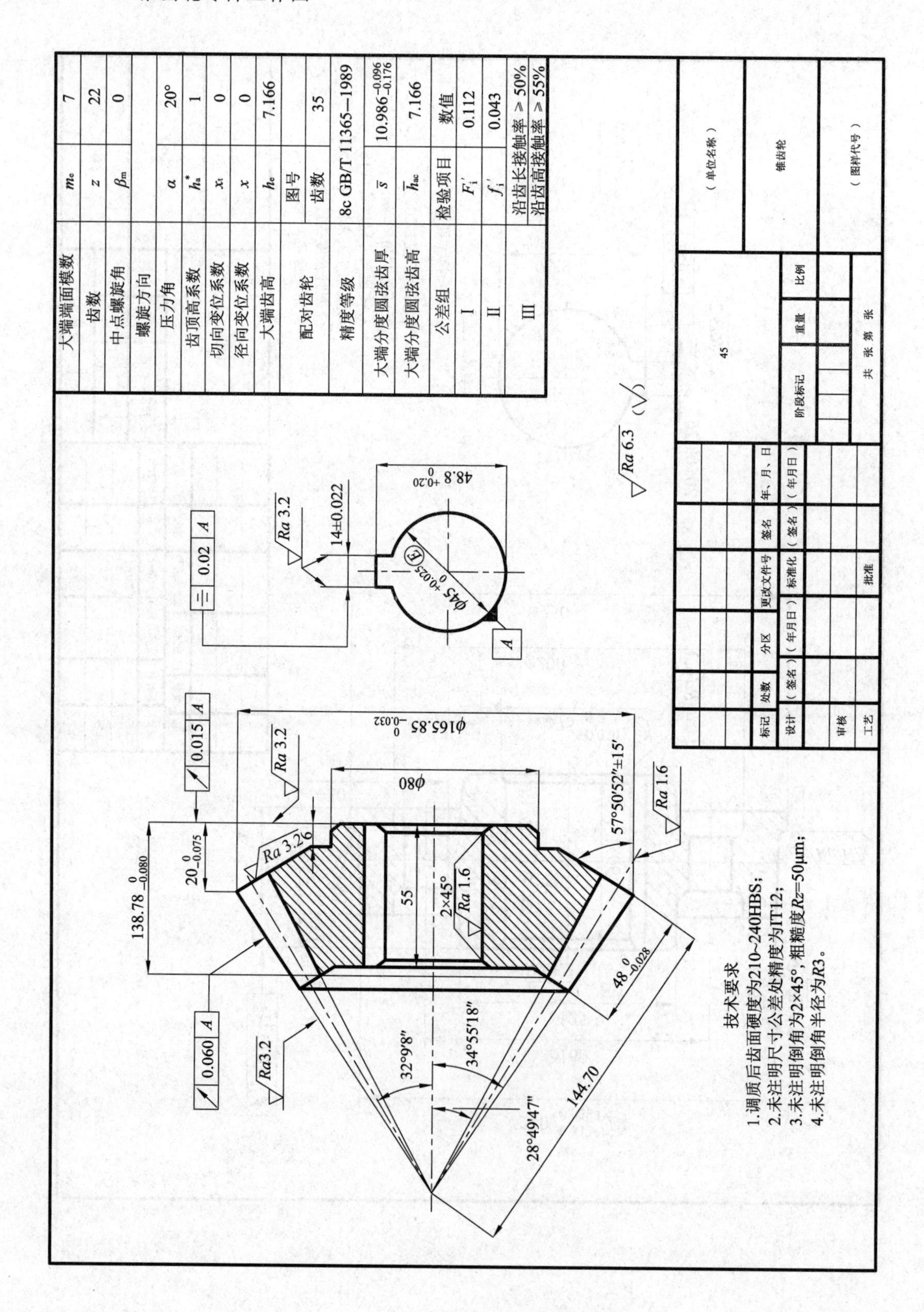

大端端面模数 m_e 7
齿数 z 22
中点螺旋角 β_m 0
螺旋方向
压力角 α 20°
齿顶高系数 h_a^* 1
切向变位系数 x_t 0
径向变位系数 x 0
大端齿高 h_e 7.166
配对齿轮 图号
齿数 35
精度等级 8c GB/T 11365—1989
大端分度圆弦齿厚 $\bar{s}$ $10.986^{-0.096}_{-0.176}$
大端分度圆弦齿高 $\bar{h}_{ac}$ 7.166
公差组 检验项目 数值
I F_i' 0.112
II f_i' 0.043
III 沿齿长接触率 ≥ 50%
沿齿高接触率 ≥ 55%
Ra 6.3
Ra 3.2
Ra 1.6
14±0.022
$48.8^{\ 0}_{+0.20}$
$\phi 45^{+0.025}_{\ 0}$
A
0.02 A
0.015 A
0.060 A
$\phi 165.85^{\ 0}_{-0.032}$
$\phi 80$
$20^{\ 0}_{-0.075}$
$138.78^{\ 0}_{-0.080}$
55
2×45°
57°50′52″±15′
$48^{\ 0}_{-0.028}$
32°9′8″
34°55′18″
28°49′47″
144.70
技术要求
1.调质后齿面硬度为210~240HBS;
2.未注明尺寸公差处精度为IT12;
3.未注明倒角为2×45°，粗糙度Rz=50μm;
4.未注明倒角半径为$R3$。
(单位名称)
45
锥齿轮
(图样代号)
标记 处数 分区 更改文件号 签名 年、月、日
设计 (签名) (年月日) 标准化 (签名) (年月日)
审核
工艺 批准
阶段标记 重量 比例
共 张 第 张

11）带轮零件工作图

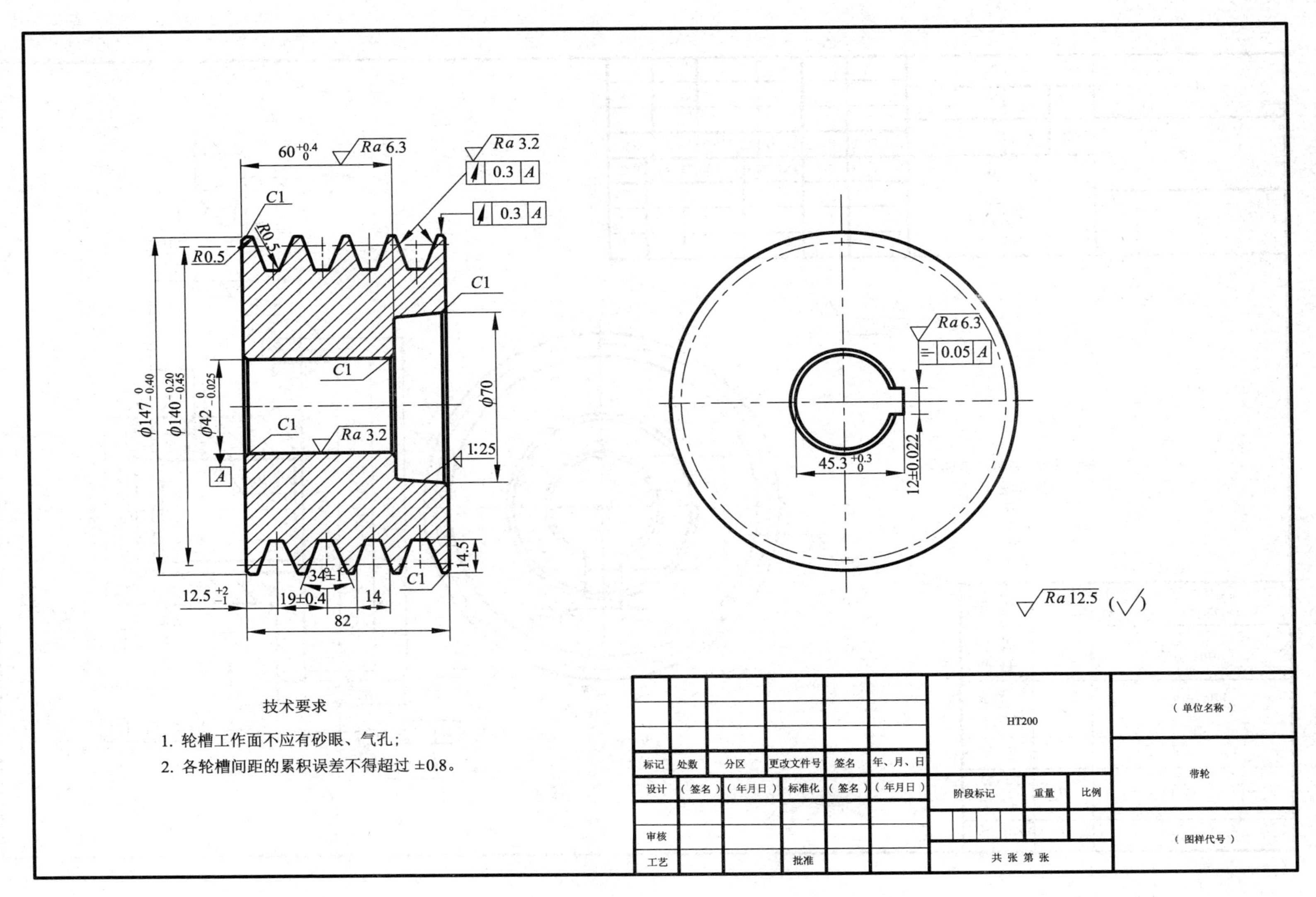

60$^{+0.4}_{0}$
Ra 6.3
Ra 3.2
0.3 A
0.3 A
C1
R0.5
R0.5
C1
C1
φ70
φ147$^{0}_{-0.40}$
φ140$^{-0.20}_{-0.45}$
φ42$^{0}_{-0.025}$
A
C1
Ra 3.2
1:25
14.5
34±1°
C1
12.5$^{+2}_{-1}$
19±0.4
14
82
Ra 6.3
0.05 A
45.3$^{+0.3}_{0}$
12±0.022
Ra 12.5 (√)
技术要求
1. 轮槽工作面不应有砂眼、气孔；
2. 各轮槽间距的累积误差不得超过 ±0.8。
标记
处数
分区
更改文件号
签名
年、月、日
设计
(签名)
(年月日)
标准化
(签名)
(年月日)
审核
工艺
批准
HT200
阶段标记
重量
比例
共 张 第 张
(单位名称)
带轮
(图样代号)

12）链轮零件工作图

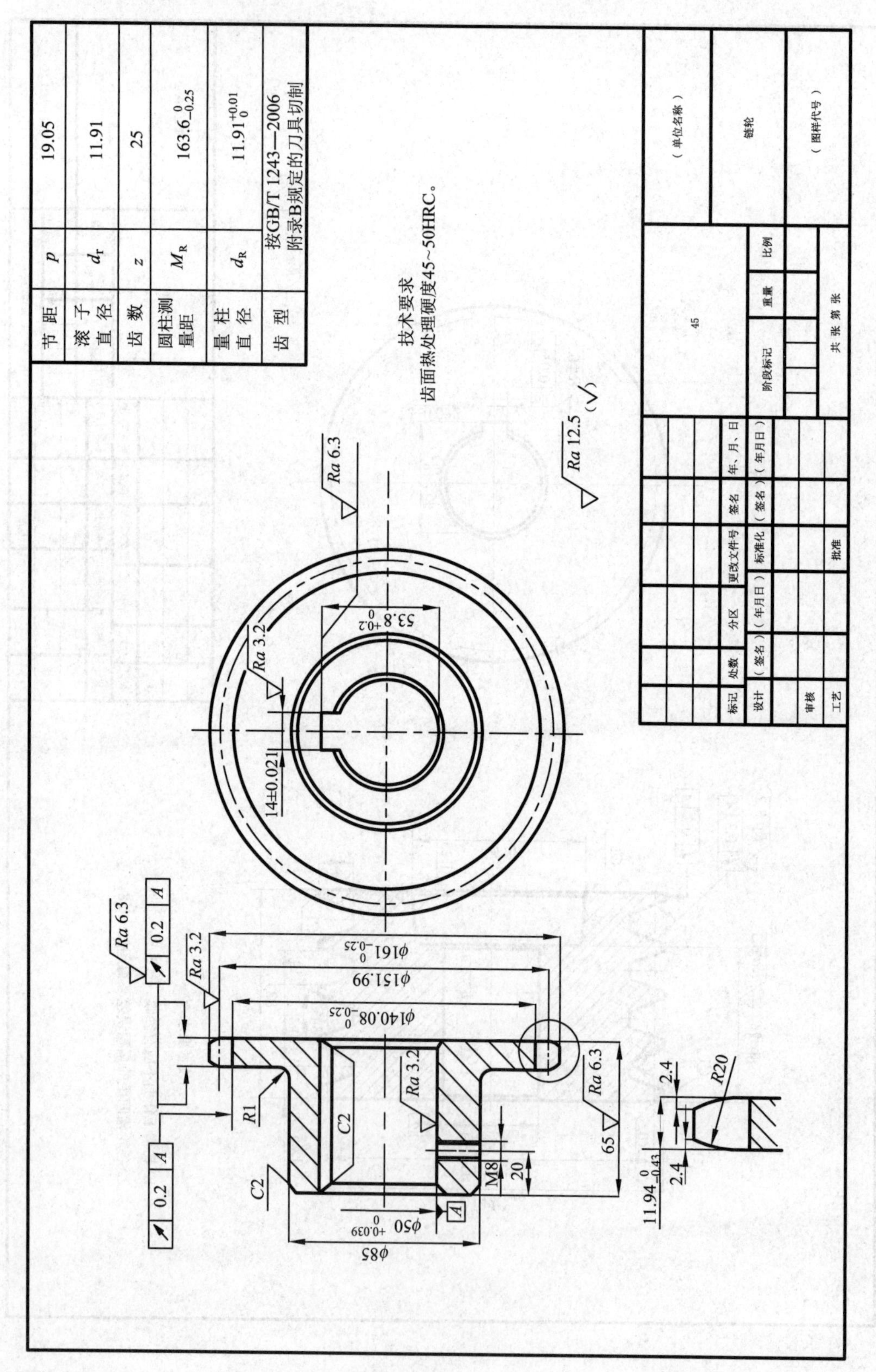

节距 p 19.05
滚子直径 dr 11.91
齿数 z 25
圆柱测量距 MR 163.6 0 -0.25
量柱直径 dR 11.91 +0.01 0
齿型 按GB/T 1243—2006 附录B规定的刀具切制
技术要求
齿面热处理硬度45~50HRC。
Ra 12.5 (√)
Ra 6.3
Ra 3.2
53.8 +0.2 0
14±0.021
φ161 0 -0.25
φ151.99
φ140.08 0 -0.25
φ50 +0.039 0
φ85
0.2 A
R1
C2
M8
20
65
R20
2.4
11.94 0 -0.43
（单位名称）
链轮
（图样代号）
45
标记 处数 分区 更改文件号 签名 年、月、日
设计 （签名）（年月日）标准化 （签名）（年月日）
审核
工艺 批准
阶段标记 重量 比例
共 张 第 张

13）箱盖零件工作图

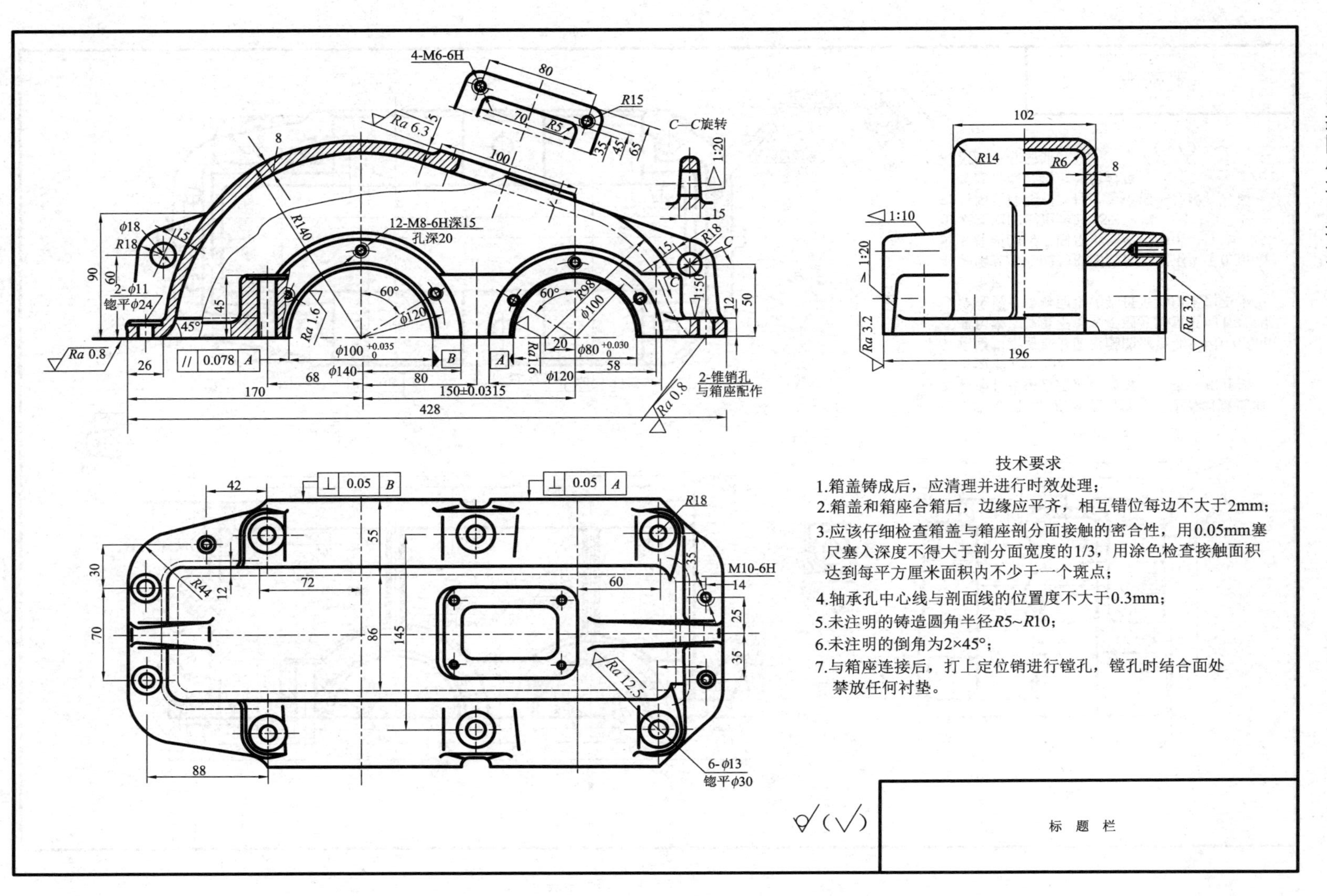
4-M6-6H
C—C旋转
12-M8-6H深15
孔深20
2-ϕ11
锪平ϕ24
2-锥销孔
与箱座配作
M10-6H
6-ϕ13
锪平ϕ30
技术要求
1.箱盖铸成后，应清理并进行时效处理；
2.箱盖和箱座合箱后，边缘应平齐，相互错位每边不大于2mm；
3.应该仔细检查箱盖与箱座剖分面接触的密合性，用0.05mm塞尺塞入深度不得大于剖分面宽度的1/3，用涂色检查接触面积达到每平方厘米面积内不少于一个斑点；
4.轴承孔中心线与剖面线的位置度不大于0.3mm；
5.未注明的铸造圆角半径R5~R10；
6.未注明的倒角为2×45°；
7.与箱座连接后，打上定位销进行镗孔，镗孔时结合面处禁放任何衬垫。
标题栏

14）箱座零件工作图

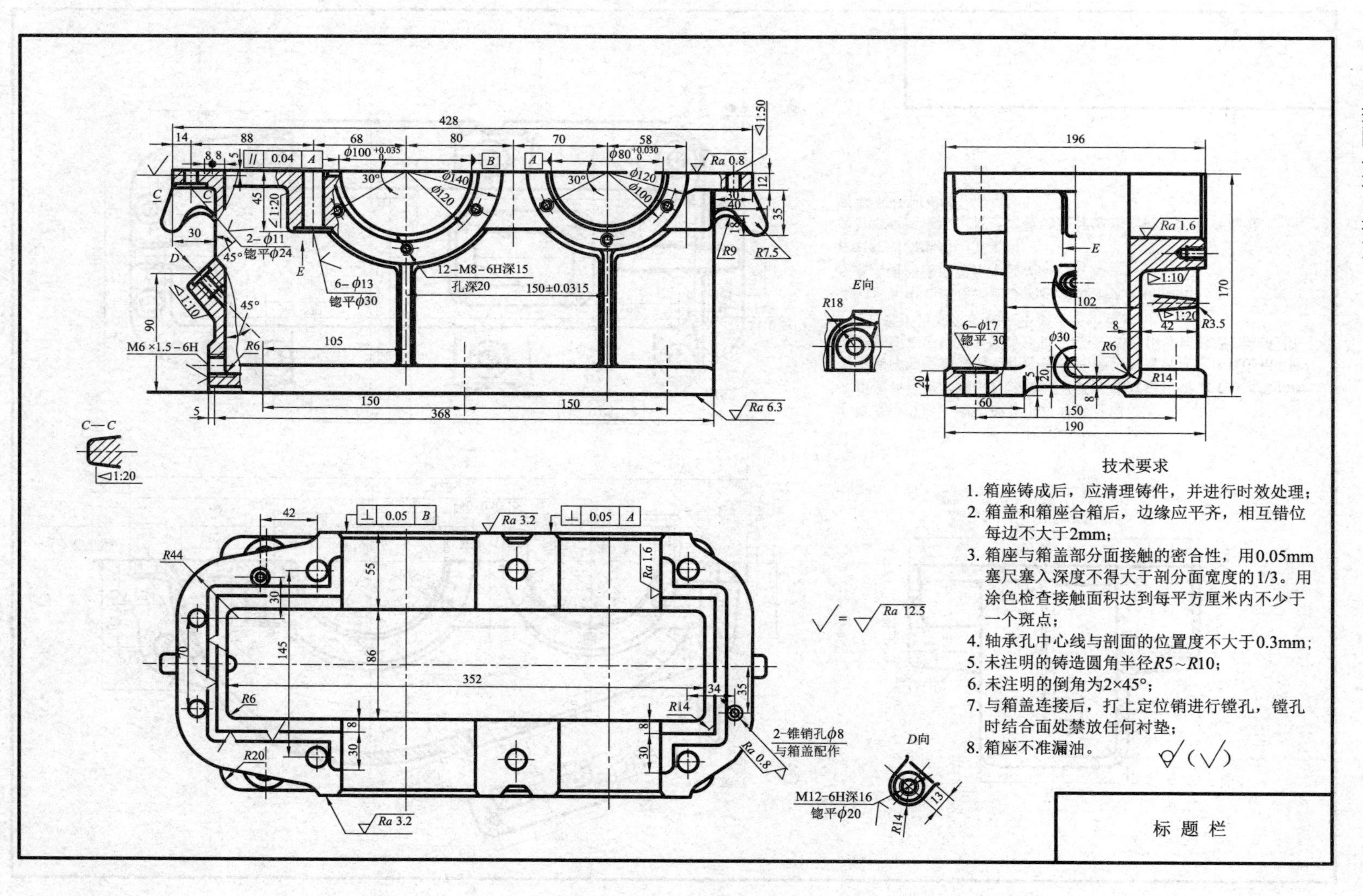
E向
D向
C—C
技术要求
1. 箱座铸成后，应清理铸件，并进行时效处理；
2. 箱盖和箱座合箱后，边缘应平齐，相互错位每边不大于2mm；
3. 箱座与箱盖部分面接触的密合性，用0.05mm塞尺塞入深度不得大于剖分面宽度的1/3。用涂色检查接触面积达到每平方厘米内不少于一个斑点；
4. 轴承孔中心线与剖面的位置度不大于0.3mm；
5. 未注明的铸造圆角半径R5~R10；
6. 未注明的倒角为2×45°；
7. 与箱盖连接后，打上定位销进行镗孔，镗孔时结合面处禁放任何衬垫；
8. 箱座不准漏油。
标题栏

参 考 文 献

［1］ 顾佩华，等. CDIO 大纲与标准［M］. 汕头：汕头大学出版社，2008.

［2］ 王之栎，王大康. 机械设计综合课程设计［M］. 2 版. 北京：机械工业出版社，2007.

［3］ 王昆，等. 机械设计、机械设计基础课程设计［M］. 北京：高等教育出版社，1995.

［4］ 西北工业大学机械学教研室. 机械设计课程设计［M］. 西安：西北工业大学出版社，1998.

［5］ 濮良贵，陈国定，吴立言. 机械设计［M］. 9 版. 北京：高等教育出版社，2013.

［6］ 卢书荣，等. 机械设计课程设计［M］. 成都：西南交通大学出版社，2014.

［7］ 龚溎义，等. 机械设计课程设计指导书［M］. 2 版. 北京：高等教育出版社，1990.

［8］ 闻邦椿. 机械设计手册：第 1～5 卷［M］. 北京：机械工业出版社，2010.

［9］ 陈铁鸣. 新编机械设计课程设计图册［M］. 2 版. 北京：高等教育出版社，2009.

［10］ 吴宗泽，罗圣国. 机械设计课程设计手册［M］. 3 版. 北京：高等教育出版社，2006.

［11］ 杨月英，马晓丽. 机械制图［M］. 北京：机械工业版社，2012.

［12］ 毛平淮. 互换性与测量技术基础［M］. 2 版. 北京：机械工业出版社，2010.